葉文冠・陳德興・黃鼎元 著　葉海煙 審閱

科技與
　　工程倫理

東華書局

國家圖書館出版品預行編目資料

科技與工程倫理 / 葉文冠, 陳德興, 黃鼎元著. -- 1版.
-- 臺北市 : 臺灣東華, 2017.01

232 面 ; 19x26 公分 .

ISBN 978-957-483-880-6 (平裝)

1. 工程 2. 科技倫理

198.4   105021477

科技與工程倫理

著　　者	葉文冠　陳德興　黃鼎元
發 行 人	陳錦煌
出 版 者	臺灣東華書局股份有限公司
地　　址	臺北市重慶南路一段一四七號三樓
電　　話	(02) 2311-4027
傳　　眞	(02) 2311-6615
劃撥帳號	00064813
網　　址	www.tunghua.com.tw
讀者服務	service@tunghua.com.tw
門　　市	臺北市重慶南路一段一四七號一樓
電　　話	(02) 2371-9320

2025 24 23 22 21 TS 7 6 5 4 3

ISBN	978-957-483-880-6

版權所有 ・ 翻印必究

推薦序

　　工程人員(師)在現今社會中，扮演著多方面技術發展與生產及建設的關鍵角色。當他們在面對客戶、同事、雇主時，經常會遭遇價值、責任與角色等衝突和選擇。因此，專業工程人員的專業素養及操守極為重要，其所影響的不僅是單純的工程品質，更涉及民眾的生命及財產安全，社會整體的形象及競爭力，以及環境的安定平衡與永續發展。

　　國研院國家奈米元件實驗室葉文冠主任所帶領編審之「科技與工程倫理」，不侷限於傳統工程領域所涉獵之範疇，而就各種應用科技、工程領域的個案加以分析論述，提供現今工程人員及其培育者，以實務為例來審慎處理和倫理相關之議題，做理性的判斷，並具備理性思辨的能力。

　　本書最後更以真理和真誠為標的，將科技與工程倫理之價值聯結於「生命的真諦」、「企業核心價值」與「社會的合作與文明永續」之精神。如此更提高工程倫理之層次，並完整提升現代公民在面對各種議題之倫理素養。

　　是以為序。

張懋中

國立交通大學校長

推薦序

以倫理為經，工程為緯的科技人

　　認識葉文冠學長已逾二十年。從攻讀研究所學位開始，一起經歷實驗室生活的甘苦與修業課程的討論。在取得學位後，文冠學長捨棄了高薪的科技業，毅然投入學術研究領域與肩負起培育英才的責任。在二十餘年教職生涯，看著文冠學長歷經教授，系主任，工學院院長到現在國家實驗研究院奈米元件實驗室主任。期間發表學術論文近180餘篇，擁有百餘件台灣、美國專利，同時也身為眾多研究所學生的指導教授，可謂成就斐然。他這種強烈的使命感與堅持不懈的態度，令我深深的佩服！

　　現今科技不停地演進，工程學逐漸發展成為專門職業，工程師也成為企業經營的重要的人力基礎。而擁有高度向心力與道德倫理修養的工程師更是企業永續經營力與競爭力的重要指標。此次，喜見文冠學長以其科技工程背景與輔仁大學哲學教授群共同合作完成「科技與工程倫理」一書。實在為時下年輕的工程師提供了優良的終身學習範本。

　　顧名思義，『工程』意指將各科學領域的原理，有效率且正確地運用於實際生活，工作上。『倫理』則用於探究每個人的道德修養在人際關係互動時所作的行為反應與思考決定。這些內在因素也影響每個人在生活，工作時所遇到問題時，解決策略的思考方向。因此，『工程倫理』即是工程師在專業的工作環境中用來規範自己行為的準則。本書第一部分由開宗明義闡述倫理架構為起始，強調工程倫理運用於科技世界的複雜性與多元性。第二部分接續說明「科技與工程倫理」的重要概念與通則。深入淺出，循序漸進串起「通則與重要概念」、「工程師面對的倫理難題」、「風險控管與工程的安全」、「道德架構與社會責任」以及「科技與工程倫理案例」等五大部分。並透過相關實例探討方式讓讀者體認到如何把道德思考運用於工程專業生涯中所遇到難題的能力。

文冠學長有著科技人勇於創新，追求卓越的積極個性，兼有教育耕耘者終身學習，自我實踐的沉穩內斂。藉由他豐富的產／官／學界經歷所淬鍊的心得而撰寫的這一本書，相信有助於培養年輕學子在道德議題方面具有判斷與思考的能力。引導職場裡的工程師，在面對利害衝突，抉擇兩難的問題時，得以一種最佳的倫理心態為基礎，處事有據、進退得宜。

葉達勳
瑞昱半導體副總經理

推薦序

　　如今，科技當道，人文退位，而倫理、道德以及價值之理想與思考，在現代社會網絡日趨複雜，甚至已然出現難以逆料的詭異情事之際，更屢屢遭到嚴重的質疑、顛覆以及無可挽回的揚棄與沉淪。不過，相關學界諸多有心之士，在專業知識、人文理想、社會責任與道德良知四方的密切連結之下，持續地發出沉痛的呼求，並同心建構出適才適所且應機應時的獨到的「應用倫理」之學，以切實而有效地提出對策，來一起面對現代科技所造作的「共業」，來一起解決攸關現代人身家性命共在共存的根本問題。

　　因此，在這本題為《科技與工程倫理》的專著即將付梓之際，個人十分樂意先睹為快，並鄭重地向國內相關人士，做最強力的推薦。特別是因為個人在兩年前負責規劃執行國立成功大學應用哲學學程，而深切感受到在當代哲學以倫理學為顯學的背景之下，國內人文學界實在迫切需要「應用倫理」之學的啟迪與引領；而這本《科技與工程倫理》在人文與科技並重的原則下，系統地成書，並完備地由理論之學到實踐之學，由基本的倫理觀念到具十足應用性的解決方案與執行策略，在國內乃首創之舉，實可喜可賀。

　　至於本書由「現代公民應有的倫理素養」起筆，其中涉及倫理素養之實質內涵，並推及倫理之抉擇與判斷，而且直接經由分析倫理問題的方法，處理了一些倫理個案，則已為本書之義理脈絡，展開了兼具宏觀與微觀的倫理觀點。接著，本書的第二部分以「科技與工程倫理」為主題，實乃本書內容之核心，計有五大部分：「通則與重要概念」、「工程師面對的倫理難題」、「風險控管與工程的安全」、「道德架構與社會責任」以及「科技與工程倫理案例」。而這五大部分一方面循序漸進，環環相扣，一方面與問題對焦，與情境相應，這已然突出了當代應用倫理的兩個主軸——責任倫理與情境倫理；其間，「責任倫理」乃始終以「人」為中心，探索的是人文學的核心課題——價值理想究竟因何而生，究竟由何而來，又究竟該如何被理解被尊重被接納；至於「情境倫理」則以吾人身家性命所繫的世界為其真實而終極之關懷，其中滿滿是二元對立所造成的種種張力，以及由種

種具爭議性的問題所衍生的矛盾、風險與衝突，而這其實都是吾人無可迴避的現實的生活情境，都亟需吾人以身為現代公民的身分與角色，集思廣益，並一起行動，一起在周延的規範與守則引領之下，結合智力、心力與體力，分工而合作，有始又有終，如「工程倫理守則」中的專業、責任、公平、信賴、忠誠、團隊、績效與工作目標等具體之指標性概念，所突出的應然的意義與理想，恰正是「科技與工程倫理」聚焦之所在。

　　如此，由學術之研發、教育之實踐，到科技之創新與工程之實作，一路通貫而成，「科技與工程倫理」便不再是紙上談兵的企劃之書。而如果這本專書，能夠得到廣大的迴響與認同，個人相信這些年來國內的「天災」，便將可能不至於引來那麼多驚悚而可悲可懼可歎的「人禍」。

　　承德興教授之囑，草此短序，謹作為一小小的推薦之文，並向本書諸位作者，表示衷心祝賀之忱。

葉海煙
書於國立成功大學中國文學系

推薦序

在科技與工程的實踐中窺見倫理的關懷

在這個科技日新月異的時代中,社會各部門的分工日益精細且複雜,一不小心就可能會有意想不到的新問題衍生出來。所以在某種程度上維持一個大家都可以認可與遵循的道德分際,以追求彼此的共善及共好,是這一個世界能持續穩健運作的一項重要基礎。反之,如果每一個部門的人都只想到自己專業的某一個片面,而不顧及自己與其它人關係的話,那麼整體社會的運作恐怕將會十分地顛簸與危險。

個人過去曾有一段時間協助教育部推動「公民核心能力課程改進計畫」,當時整體計畫將科學、倫理、美學、民主、媒體等五項素養,列為這個時代裡面最為核心的公民必備基本素養,並且強調這幾種不同素養之間需要彼此滲透及鍵結,以發展出不同情境下的公民核心能力內涵。近幾年個人在科技部裡推動「科技、社會與傳播」學門的學術研究工作,也是延續相同的關懷理念,致力於科技人文內涵的建立,其中,科學素養及倫理素養同為至關重要的兩項元素。顯見不管在教學實務或學術研究的範疇中,科學與倫理的關係都同樣被賦予高度重視。

以科學素養為例,現今科技發展快速及全面,不管來自於哪個學院的學生,在未來的職場上都很難不跟科技發生關係,因此對於科技的進展保有一定程度的瞭解及參與,是十分重要的公民能力。尤其在這些科技發展的過程中,很難免地會挑戰一些社會既有的倫常結構,更常見的甚至是過往的社會規範根本來不及跟上科技快速發展的步伐,導致當我們驚覺有問題的時候,也往往是這些問題一發不可收拾的時候,例如目前台灣的空污問題、國土規劃問題、能源問題等,都是台灣社會一直以來飽受困擾與爭議的典型科技倫理議題。

要從根本層面去面對這些問題,很重要的是從大學的基礎教育開始。由於台灣學生在九年國教及高中階段,深陷考試領導教學的緊箍咒,讓多數學生甚少有

機會去碰觸類似的議題，因而大學的教育就變成是最後一道防線，也是面對這些議題時最後一個體制內教育機會。雖然說這樣的觀念與思維透過許多不同的媒介管道同樣有機會可以瞭解，但是透過一種有系統的教學與學習，勢必可以更加有效率及體系化地習得相關觀念，所以更是彌足珍貴。

《科技與工程倫理》這一本書由葉文冠、陳德興及黃鼎元三位教授共同執筆完成，從倫理教育的角度出發，探討了科技及工程領域裡面最值得被思索的各種議題，整體書籍的安排及內容更因為這三位教授的背景含括了工程、哲學與倫理學專長，因此可以在倫理學的架構之下，仔細地審視各種科技案例的內容，既有哲學基礎的嚴整架構，又有具體的科技內涵作為素材，再搭配教學上判斷成效準則的實務設計，是十分難得的結合，在現今談論相關主題的著作中，本書絕對足以作為其它學校推動相關課程的典範。

個人很榮幸有機會獲邀為本書做序。在目前台灣學術圈裡面普遍瀰漫論文發表迷思，進而導致學界腦力與精力疏於耕耘教育現場之際，本書的付梓，除了嘉惠芸芸學子之外，更凸顯了學院知識份子該有的責任及關懷，在此除了極力推薦本書之外，更希望它能扮演專業倫理教學的領頭羊，帶領相關論述的持續深耕及創新。

黃俊儒
國立中正大學通識教育中心教授

序

　　很高興當初的一個想法終於付諸實現。回想本身投入半導體技術發展已經超過 25 年了，我的專業成長過程剛好適逢台灣半導體產業的發展歷程，如今台灣半導體產業在全球已經占有舉足輕重的地位，實屬得來不易之成就。由於半導體製造屬於高度人力密集的工業，人才的訓練與管理更為重要，任何員工的疏失極可能造成難以收拾的遺憾。

　　現今企業的發展已經趨向於大者恆大的規模，任何工程師皆擔任一螺絲釘的角色；而一個成功之企業文化會造就一特定的員工特質，相對地可以成為支持企業邁向永續經營的動力與養分，即使更換了領導者也是可以繼續運轉正常。永續經營的企業實屬不易，我們可以由世界上超過百年以上之公司不超過十家來看，能夠不斷保持高度向心力與戰鬥力的企業實屬難得。

　　企業最大的資本是人員素養，而人員管理的核心價值是倫理規範，這也是本次著手《科技與工程倫理》一書的初衷。我們整合工程與哲學背景之專家學者，經過了兩年的討論與撰寫，終於完成了此書的出版。此不同角度完成之《科技與工程倫理》一書，也依當初的期望盡可能的包含了理論基礎與實務範例，相信不僅可以作為工程師的進修書籍，也適合當作相關老師的教學與參考用書。

　　任何事情的完成都是需要許多因素的配合才能達陣。首先我必須感謝高雄大學陳德興與黃鼎元兩位老師的專業知識，加入我人生經歷與工作經驗上的心得，用心撰寫成此一著作，並經成功大學葉海煙老師的細心指導，讓此書能夠更符合專業理論與事實真理。

　　成功不是偶然，而此當初偶然的想法最後終於能開花結果，實上天所恩賜！最後我要感謝高雄大學——此一我在創校之初就參與的大家庭，此地的一草一木皆令我感動，也祝福它能順利的永續發展。

葉文冠　謹識
2016 年 7 月
國立高雄大學

目錄 contents

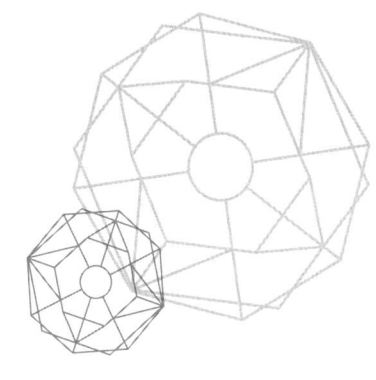

推薦序　張懋中　　　　　　　　　　　　　　　　　　　iii
推薦序　葉達勳　　　　　　　　　　　　　　　　　　　v
推薦序　葉海煙　　　　　　　　　　　　　　　　　　　vii
推薦序　黃俊儒　　　　　　　　　　　　　　　　　　　ix
序　　　　　　　　　　　　　　　　　　　　　　　　　xi

| 緒　論 | 倫理教育的重要 | 1 |

| 第一部分 | 現代公民應有的倫理素養 | 9 |

| 第壹章 | 現代公民應有的倫理素養內涵 | 11 |

| 第貳章 | 價值和諧之追求 | 15 |

| 第參章 | 倫理抉擇與判斷 | 21 |
　　一　倫理問題的交錯與複雜性　　　　　　　　　　　21
　　二　常用倫理學理論　　　　　　　　　　　　　　　22
　　三　分析倫理問題的方法　　　　　　　　　　　　　32
　　四　個案分析實例　　　　　　　　　　　　　　　　35

xiii

第二部分　科技與工程倫理　43

第肆章　通則與重要概念　45
一　工程倫理與工程專業能力　46
二　工程倫理：概念與內容　47
三　倫理規範的重要性　51
本章小結　60

第伍章　工程師面對的倫理難題　63
一　產品的研發與製程　64
二　重要資訊的問題　67
三　網路與操作的爭議　72
四　我們能相信我們的系統嗎？　75
五　離職與忠誠？　78
六　是檢舉還是抓耙仔？　81
七　性別與就業平等　84
本章小結　87

第陸章　風險控管與工程的安全　89
一　產業安全與預防的概念　90
二　風險控管與錯誤改善　93
三　複雜系統與風險控管　101
四　工程師的社會責任　109
本章小結　113

第柒章　道德架構與社會責任　115
一　道德架構對社會的責任：CSR　116
二　科技與環境的矛盾和衝突　128
三　邁向全球性問題　134
本章小結　140

第捌章　科技與工程倫理案例　　141

一　個　人　　143
二　專　業　　150
三　同　僚　　156
四　雇主／組織　　164
五　業主／客戶　　172
六　承包商　　180
七　人文社會　　187
八　自然環境　　196

結　論　真理和真誠　　205

附　錄　科技與工程倫理課程學生學習成效規劃　　209

緒 論　倫理教育的重要

先學做人，再學做醫生。

　　此為成功大學醫學院創院院長　黃崑巖教授推動「醫學人文教育」背後的信念。先生以其豐富的學養及專業的聲望，在台灣醫療教育系統推動「人文教育」，貫徹其對「專業醫生」應有的人文素養的信念，在教育界傳為佳話。此句佳言在普遍強調專業養成的台灣教育各界，被引申為：「先學做人，再學做專業人！」來廣泛疾呼。清華大學清華學院執行長　王俊秀教授也以：「先成為人、再成為公民，然後成為士農工商。」強調教育應優先培養學生成為一個有思考能力、能包容不同觀念的「人」；進一步成為一個能關懷公眾議題，且具實踐能力的「公民」；而後成為一個「專業人」，能以自己的專業能力、專業良知與信念來安身立命、回饋社會。兩位教授可以說是不約而同地體現了台灣專業教育背後常被忽略的人文教育重要性！在現今高等教育普及的台灣，實在值得辦學者與學習者體會和深思。

東西方高等教育的傳統與近代的轉變

　　東西方高等教育的傳統其來有自。中國以儒家思想為核心的成人教育，強調「禮、樂、射、御、書、數」等「六藝」，看重《詩》、《書》、《禮》、《樂》、《易》、《春秋》之「六經」，強調生活禮節、一般教養、藝文體能、數理科學等基礎學習，廣涉並精研文學、政治、社會、藝術、哲學和歷史等知識，以傳承人文精神與禮樂教化的理想。在以中國儒家思想影響的文化圈裡，高等教育總的精神而言，是《大學》所強調的：「大學之道，在明明德，在親民，在止於至善。」的成德教育。

　　西方自希臘、羅馬時代，高等教育基本上為非奴隸的自由人及公民所特享，故又稱「自由教育」或「博雅教育」（liberal education），其學習內容以

修辭、文法、邏輯、算數、幾何、天文、音樂等「七藝」為主，強調理性思辨的基礎能力養成，並為進一步專業知識的研究奠基。「七藝」的教育內容在西方世界或有沉浮，然而其精神層面是被有意識的傳承著的。19世紀英國學者紐曼（John Henry Newman, 1801-1890）在其著名的《大學的理念》（*The Idea of a University*）一書中強調，大學是一個提供博雅教育，培育紳士的地方，強調以「人」為本，透過大學教育而使人能夠成為一個有教養的人。

近代以來，由於科學革命的領航，許多應用科技領域產生了長足的發展。物質文明的躍進帶動生活模式的改變，處於文明前端的人們享受到前所未有的舒適與便捷；而當人文精神教育或古典博雅教育已經無法滿足社會變遷的需求，科際內涵急遽分化以回應新時代的各種發展，講求時效與功利的實用主義價值觀逐逐步挑戰舊社會和文化所傳承的價值系統，將傳統道德與人文價值擱置一邊。

隨著資本主義社會的興起，回應著時代的巨變與產業的需求，越多高等教育場所淪為職業訓練所，強調專業知識和技術的傳授，而將對理想人格的想像與培育責任棄置在一邊。時至今日，國內高等教育高舉專才教育之大旗，專事專業領域人才之培育，強調職場生涯無縫接軌，迎合產業界專業職缺；大學的殿堂幾乎成為職能養成的處所，此一階段的人生的目的好像只為了找到下一階段的工作，「人才」的意義萎縮為技能導向學有專精的「專家」。持平來說，「專家」的身分其實僅能證明一個人在某個專業領域中的本職學能；而實際上當我們面對生活世界的多元交錯，問題常常不只存在於單一專業領域的實驗設計與計算分析，生活世界的複雜問題背後常常是價值的抉擇，價值的抉擇決定問題解決的方法；此正是古典高等教育強調博雅精神，追求人的理性、德性與宏觀品質的根本原因。

忽略倫理教育的後果──專家就是專門害人家？

當前我們所面臨的社會複雜性與傳統社會相去甚遠，人與人之間、人與環境之間相互影響的層面與強度皆不可同日而語。在傳統的生活模式中，設若一個瘋狂的人提刀亂砍，頂多殺傷數人即會被群眾壓制阻止，並旋即會被當時的風俗或律法制裁。又如在傳統的產銷模式中，企業經營的永續取決於其與環境的平衡，生產過程與使用後廢棄物的處理須能被環境負載力的自然作用所消

化；例如：一間蓋在山腰或河邊的傳統養雞場，其產銷過程產生的穢物與廢棄物終會進入環境的循環，若產生的廢棄物高於環境負載的極限，環境的惡化與瘟疫等疾病便隨之而來，該產業過度的經營無異於事業體的自取滅亡。

然而，隨著兩次世界大戰與資本主義的推波助瀾，至今地球村互動便捷和頻繁的發展趨勢，科技與生產的結合使得個人或企業的行為對他人的影響已非傳統社會充其量僅牽涉到少數人或特定區域的族群：一間跨國企業的養殖場可以不顧環境負載力的侷限以拋棄式的經營火耕席捲萬里之外的熱帶雨林；科技大廠為了節省廢棄物的處理成本逕自將劇毒廢水排入灌溉溝渠汙染農作、排入海洋汙染全世界；食品業龍頭可以利用化學製程將有毒原料提煉為符合標準的黑心食品來大賺其錢；一個狂人的異想天開可能將滿載生化劇毒的裝置送往地球任何一個角落；一個國家為了戰爭的勝利可以將劇毒的落葉劑灑在廣大的森林裡，不顧其將毒害該區域所有生物數百年之久的巨大影響，最後進入生態循環中終於還是要由世人共蒙其害；就連一座核電廠的意外爆炸所可能外洩的劇毒與輻射，也將毫無避諱的透過空氣與海洋讓世人概括承受！

當今世代，大部分的專家所涉獵的工作，其實罕見單純的學術研究者，單純到足以自外於應用科技的研發需求與產業結構的利益爭逐。純科學研究的職場罕見而稀少，儘管有，也常是被刻意隔絕在利益計算與行政運作的紛擾之外，間接為應用科技的研發與產業利益來服務。然而，儘管是被刻意隔絕在科技應用與利益計算的機構或部門，科學研究者與科技研發者是否就有充分的理由將可能的責任存而不論，甚至置之度外？以當代專業倫理的範疇架構觀之，這種自我感覺良好的態度恐怕是不被認可的，理由是當一個行為或研究成果持續發展後可能連鎖影響許多的他者，特別是影響他者的生活、生命等天賦人權，這個行為就不能被當成一個「獨立的」或「無利害關係的」行為被單獨評價。一個所謂「專家」如果沒有足夠的自覺或能力來審視自己的專業行為與發明，或其職務在該時空可能造成的連帶影響，從而提出應有的解決配套措施或安全防護，乃至做出最低限度的警示……，而隨其智巧貿然行事；專家雖然能為一般人所不能為，然而狹隘的專業判斷與一意孤行所可能導致的後果，也可能比一般民眾、匹夫匹婦所能為之災害嚴重千百倍乃至不可估量。

專家以專業知能的發明與決策造成的災害，一如前述數項人為災難的擴散在當今之世時有所聞；無怪乎「專家就是專門害人家」這一語帶詼諧與無奈的

定義在現今各界流傳，其實透顯出時人對專業人士的專業信任與專業以外的不信任感。「專業倫理學」的發展正是應此責任結構而有的一門學問。

專業倫理學

「專業倫理學」（professional ethics）本身是「倫理學」（ethics）領域的一支。倫理學又稱道德哲學（moral philosophy），原是以哲學方法研究「道德」與「價值」的一門學問，屬於哲學領域裡的一個重要範疇；「專業倫理學」是因應專業掛帥的現世，有鑑於世人的道德動力普遍隨著科技文明與經濟發展而遞減的隱憂，惶恐於專業的狹隘所製造出來的巨大災難隱患，而被有識之士所疾呼而出的一個倫理學的重要範疇。

當代人們普遍將物質需求與利益計算優先於道德的反省和倫理抉擇，專業分工的社會勞務型態使得人們的生活越趨疏離，缺乏對人生整體幸福的想像與追求能力，也缺乏對本身的專業角色應盡責任的完整擔當。專業倫理素養的養成在此專業分工的社會型態中無疑是迫切且重要的，我們甚至認為，專業倫理學應回歸倫理學的基本關懷，從引導個人體認自我的主體性，體認到個人和社會，與環境不可分割的整體性，以自我價值的實現與對多元價值和諧理想的欲求處著手。

倫理素養的養成與預期學習成效

倫理學又稱為道德哲學，是以哲學方法研究道德的一門學問。有些哲學家將「倫理」（ethics）和「道德」（morality）加以區分，認為「ethics」一詞源自希臘文的「ethos」，原意是「品格」，而「moral」則出自拉丁文的「moralis」，意指「習俗」或「禮儀」，為一群人或一種文化所認可的行為準則；前者較偏向個人素質之內涵，後者則是指向人與人之間的關係。比較普遍的用法是將前述兩者視為同義詞，定義其為「道德的理論研究」。[1]

也有對「倫理學」進行大而化之的定義者，認為「倫理學是做人的學問」，強調此做人的學問不但是理論性的，而且是實踐性的。[2] 理論上來說，「倫理」是指在處理人與人、人與他者之間相互關聯時應遵循的道理和準則，

---

[1] 林火旺，《倫理學》，台北：五南圖書出版公司，2007.10，頁8。
[2] 鄔昆如，《倫理學》，台北：五南圖書出版公司，2006.4，緒論。

包含了個人與個人、個人與社會群體，和個人與自然環境之間複雜關係的行為規範。從實踐層次來說，一個擁有好的「倫理素養」的人，在情感、意志、人生觀和價值觀等方面能依照一定原則來主動協調，據以積極作為或規範行止，以達臻倫理學期待個人所能展現的「心口合一」與「言行一致」。

一般倫理學所關心的問題，主要不是有關事實（fact）的陳述，而常是超越在事實之上的普遍價值，或價值判斷的原則性問題，例如：「善」與「惡」、「對」與「錯」、「應該」與「不應該」、「責任」與「義務」等概念的本質性討論。應用倫理學，或專業倫理學，除了以前述相關討論為基礎，常須加入事實的臨場感，以事件本身為對象，探討本質性定義之外的抉擇問題。其所能探討的範圍相當廣泛，舉凡政治、經濟、社會、文化等諸多課題，皆可以透過價值的還原來進行倫理議題的討論。本書所欲進一步聚焦者，是影響當代社會、經濟、產業型態甚鉅的工具理性——「科技與工程」範疇。

科學可謂當代工具理性之顯學，其所發用的各種技術統稱其為「科技」，幾乎是時下各領域認識世界共同的方法論，同時也是各種產業重要的研發工具。而在此講求創意與跨域應用的時代，科學技術本身就是一個跨域整合的產物，今人也慣以「工程」來稱呼此複雜的統合狀況。一般來說，「工程學」是透過應用數學、自然科學、社會科學等基礎學科的知識，來達到改良土木、化學、機械、電機等領域的發明與製程；而後其應用與統合的精神逐步擴及現今各行業，如：資訊、環境、航太、航海、生物、食品、儀器、材料等加工步驟的設計和應用方式。統合的必然性，基本上在回應當前人類需求的複雜性，也植基於科學理性的貫穿其間，才讓統合成為可能。在此趨勢之下，我們可以簡單定義：「複雜的科技統合，便是工程」。

基此，在思考「科技與工程倫理」課程的學習內涵時，我們認為不只應用科學相關系所學子需要學習該門課程，人文社會領域的學子其實有責任提供更多元的價值側面，供各種科技與工程實踐決策來參考；畢竟科技與工程的實踐場域廣在價值多元的生活世界裡，人們一方面無所逃乎天地之間，一方面也有義務參與讓此世界更美好的理想圖景。為此本書將不侷限於傳統工程領域所涉獵的範疇，進而廣開各種工程領域個案的論述，以回應當前複雜的科技統合實踐的實況。本書內容重點分成二大部分，並於結論中凝聚學習倫理學的價值與精神：

第一部分：現代公民應有的倫理素養

開宗明義闡釋本文所設定之倫理架構，強調科技與工程倫理絕對不能只是科技與工程倫理問題，而應從「生活世界」多元存在的價值交疊處取得理解的原點。透過「職場倫理」、「企業倫理」與「科技倫理」的關懷面向，闡述與公民身分相關聯的應用倫理學範疇結構，體現當代應用倫理問題的多元性與複雜性，指出重要衝突或衝突原型，並連帶討論倫理抉擇的幾種重要原則。

第二部分：科技與工程倫理

導論「科技與工程倫理」的重要概念與通則，列舉該範疇常見的倫理議題與案例，進一步闡述相關議題的各種考量。在第陸章「產業安全與預防的概念」一節中，特別就「不傷害原則」鋪陳出工程與科技領域對風險、災害的控管義務。正向的闡述，在「道德架構與社會責任」一章，即從其對社會的正向影響，論述其在社會、環境與全球化現世可資發揮的道德責任。最後，本書參酌行政院公共工程委員會於 2007 年編印之《工程倫理手冊》中對工程倫理課題的分類，列舉台灣發生的重要案例，依本書介紹之「安德信倫理評估模型」，逐一析論其倫理考量。

結論：真理和真誠

總結前述所有討論，將應用倫理學探討之價值收斂在「個人人格的實踐」、「企業核心價值」與「文明永續」之精神。

為了便於讀者掌握本書對每個問題的結構脈絡，我們特別在每個章節與個案之前，勾勒論述的心智圖。而基於前述內涵之設定，本書在學習目的的設定上，在「認知」、「技能」與「情意」的養成上，將著重以下幾種能力的引導。為此我們也設計了幾種學習成果，供教師與學習者參考，請參閱「附錄」。

(一) 認知：批判思考能力

倫理學的主要作用為價值之釐清，特別在應用倫理學、專業倫理學的範疇，更要求當事人對事件梳理出正確的認知，以正確的認知為基礎，而後能完成應為之作為。

所謂正確的認知，首要能對自我的立場擁有正確之理解，而能優先回答「我是誰？」、「我的立場或所扮演的角色是什麼？」或是「我應該做什

麼？」這樣的問題。工程師除了需要瞭解自己在專業領域的權威地位與可能造成的結果，也應隨時警惕其之所以能成為工程師，除了來自自己的努力，也來自社會資源直接與間接的挹注與期待，此便是其專業身分與價值之所在。工程師所應為者，除了份內的為雇主創造利潤，也須以社會責任為價值取捨的考量。對自我認可之價值有所定見之後，方能坦蕩蕩的進入倫理情境做批判思考。

由於當今複雜的專業導向社會中，專業倫理抉擇的場域往往與企業所網羅的群體利益結構有關，行為主體／專家／工程師首先應排除複雜的利益結構問題，在專業知識的幫助下對事件的始末進行獨立且具批判性的理解，其次才是盡可能掌握群我利益的權力結構，及此兩者間可能隱藏的利害衝突；最後，行為者仍要依前述「自我認可之價值」，在諸多可能的選項中進行抉擇。

當然，「自我認可之價值」會不會在批判思考後有所動搖，使得行為者反過來修正倫理抉擇賴以進行之價值的序列？我們認為，只要行為主體能忠誠的面對自己的價值信念與專業素養，持之有物，言之成理，這在批判思考的過程中是具有開放性意義的。

(二) 技能：溝通表達能力與解決問題的能力

應用倫理素養的重要技能，如同工程專業，一樣是解決問題。前述批判思考能力絕對是倫理素養在技能面的重要展現；除此之外，表達批判思考的結果與他人進行有效的溝通、提出有效的行動方案以解決問題，也是工程師面對倫理困境時應有的主動作為。誠如前述，當今複雜的專業導向社會中，專業倫理抉擇的場域往往與企業所網羅的群體利益結構有關，事實上工程師面臨的挑戰有可能來自更多元的聲音：工程師與工程師之間、工程師與管理階層之間、工程師與一般民眾之間……，不同立場對同一事件常有不同的關懷與堅持。工程師除了忠於自己的專業意見之外，更重要的還在於能將自己的意見完整表達，與利害關係人進行有效的溝通協調，進一步提供可資替代的解決方案；對於可預見不同程度的潛在危險，也應有不同強度的警告作為。

(三) 情意：擁有選擇正確行為的勇氣

理想的倫理抉擇是一種自我實現。我們希望在專業倫理素養養成的過程中，能讓行為主體從對自己的定見與抉擇中體驗到自我實現的幸福感。當多元

價值湧現，多種解決問題的方法被提出，面對因職場及其工作而有的倫理困境時，行為主體若無自覺地主動進行倫理學意義的批判思考，便很容易會跟隨企業傳統文化、處理事情的慣性來進行抉擇。一個受過倫理訓練的專業人士，應能在實際面臨困難時主動進行倫理批判。批判思考在此絕非空談，而應具體落實為抉擇與踐行，此踐行所結合的是個人的理性和意志因素，意志服從於理性，進而能透過踐行以成就行為主體的價值信念。行為主體能對自己真誠，擇其所愛，自我實現的幸福感將是其道德正信不斷厚植的磐石。

現代公民應有的倫理素養

第壹章

現代公民應有的倫理素養內涵

每個公民作為一個「個人」，存在於複雜的生存境遇中，其實具有多重存在面向與內在傾向。個人的生存境遇不單指自然環境而言，同時也包括人文建構的社會環境；此兩種面向本身，也具有某種意義上價值實現的兩重性。價值間的和諧，個人、群體與物質世界永續發展，形成了哲學中對「人」的「存在」在「天」、「人」、「物」、「我」四重側面的探索（如圖1.1所示）：

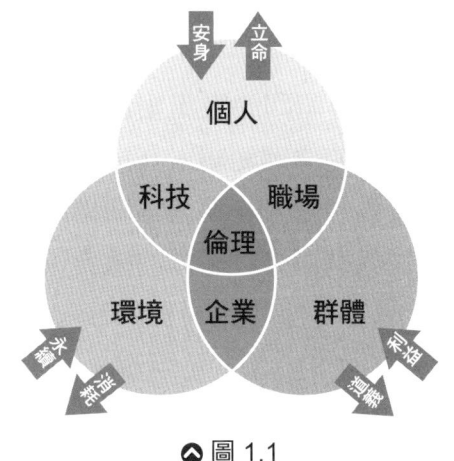

▲ 圖 1.1

1. 「我」是「個人」，是生存在天地之間的獨立個體。就生存而言，每個個體在環境中必然要有求生存與發展之「安身」作為，或士農，或工商，胼手胝足，孜孜矻矻，辛勤工作以存續生命之存在。除了生理生命的維繫以外，個體亦具自我超越或自我完成之內在傾向，追求生命的意義，成就生命的價值，此傾向屬精神性位格的「立命」特質。
2. 「人」意謂著「他者」，是個人生存在社會中所必然遭遇與必須要依附的「群體」。個人在社會情境中必須依附各種群體，近如家族宗親，遠如各種

社團與工作職場等;於此群體中,連結彼此的現實因素是支持個人生存的「利益」。深刻來說,利益的分配或共享的必要性,來自更基本的群體互助原則,一般我們稱之為「道義」。

3. 「物」是我們所賴以生存的「資源與環境」。天地生養萬物,作為萬物之靈的人類對待自然環境的方式常是「取用」、「控制」與「消耗」的,而理想的環境運作則是「永續」的。

4. 「天」是人與萬物共同存在的形上始點,亦是所有「存在」各自發展的理想歸趨。在哲學上,「天」常具有價值統合與終極關懷的位階,放在與「我」、「人」、「物」的關係架構下,「天」可以象徵對個人、群體與物質世界間交互作用的和諧情狀,永續發展的價值理想。

上述個人、群體與環境之間,因存在境域的重疊,交集出複雜關聯;因「個人」的「安身」作為與「立命」傾向、「群體」的「利益」分配需求與互信互助的「道義」原則、「環境」的「消耗」模式與「永續」理想等多元交疊,形成了互相關聯的倫理範疇:

1. **個人、群體與職場**:個人與群體間的交集相當多元:長幼有序、君臣有義、朋友有信,皆可謂群我之間的倫理範疇。在探討現代公民安身立命的生存模式中,個人與親族、朋友固然是血緣與人倫結構的基本形式,「職場」則是生活資糧的重要來源與個人聰明才智嶄露的重心。理想的狀況下,生命意義的追求與生命價值的完成若能與職場的奮鬥歷程相結合,可謂「個體」與「有意義的他者」緊密相連之相當理想的狀況。

2. **群體、環境與企業**:眾人所賴以安身的「職場」,在當今之世常以「企業」之姿集合眾人之力,製造發明、創造利潤。企業營運的各種發明與製造終究須取材於人類所共存共享的環境資源,透過多重的加工、包裝之後以提高價值,回應市場需求,大量行銷以賺取利潤。利潤的來源有來自企業研發者的智慧加值,有來自商業經營的供需操作,當然也有來自企業主對勞務者應得薪酬的剝削,有時也來自環境正義的犧牲。

利益的分配是眾人所以投身在職場崗位上兢兢業業的原因,雇員要奉獻智力與勞務為企業創造競爭優勢,雇主則要妥善管理與經營企業以為大家提供穩定而合理的報償;職是之故,雇主與職員間的權利、義務便有了合理演

繹的基礎。雇員與雇主兩者結合的原因是「利益」，逐漸能轉化為互相為彼此設想，便是「道義」。除此之外，企業體的利益取之於環境與消費者，「道義」的精神因此必須擴充為「社會責任」，強調企業對環境的保護與對消費者的照顧。此便是一般我們稱「企業倫理」之範疇。

3. **人性、利益與科技**：企業體的利益取之於人類所共存共享的自然資源，「科技」則是當代利用環境、改造資源、發明財貨、創造利潤的重要工具。諺云：「科技始終來自人性」，科技發展環繞著人的各種需求，除了增進人類對於環境的掌握與降低生存的風險，也進而從中獲得個人的生存資糧與企業的商品利益。人們對環境資源的參與模式常常是「控制」與「消耗」的，然而物質環境、自然生態的內在趨向卻是「循環」且「永續」的。「科技始終來自人性」正面揭露了人與物質世界之主動關係，但卻不因此合理化了人是整個物質世界、自然環境的主宰這種說法；倘若人類利用科技的「控制」與「消耗」行為偏離大自然界的「永續」法則太遠、太久，其結果終將誘發內在於自然界反撲的風險。

科技是理性生命在生存鬥爭中所創造的輝煌成就，卻在近代漫無止境的濫用後產生環境破壞之惡果，嚴重者甚至危害人類自身的生命財產安全；同時，在缺乏完善的科際整合討論下派生許多的倫理困難，懸而未解，凡此皆「科技倫理」範疇所亟待解決之課題。

誠如上述，「個人」、「環境」與「群體」之間交集出複雜的倫理關聯。在此問題的框架之下：個人透過群體組織來取得生命存續的資糧，如何在「安身」的現實與「立命」的理想之間取得平衡？企業透過科技對自然環境的消耗與宰制，應如何在組織運作的利益目的之上服膺於物質環境、自然生態「循環」且「永續」的內在趨向？個人在為企業爭取利益同時，是否能同時也服膺於個人的信念、追求價值的和諧，使其努力能幫助自己與人類群體能更貼近生存意義？如此複雜的價值關聯，便是本書主張「科技倫理」內涵必要涵攝「企業倫理」與「職場倫理」所關懷的多元面向，進一步收斂為完整的倫理素養。我們以為，坊間專業倫理論著及時下專業倫理教育所欲偏安於單一範疇的作法亟待補強，單從「科技」、「企業」、「職場」等構面談「倫理素養」，其實在範疇本身難以劃分，形諸「公民」身分及現代人生存境遇的多元性，也不易

在面對複雜問題時提供較為完整且具深度的倫理考量。此素養完整性的考量訴求，本書也將儘可能落實每個議題的論述與個案的討論上。

第貳章

價值和諧之追求

　　「個人」、「群體」與「環境」之間交集出複雜的倫理關聯，可以藉由圖2.1來鋪陳各範疇的重要內容。然而，在現實世界的實然狀況中，「群體」的集合涵攝「個人」，「環境」則網羅了各種各類的「群體」。在生活世界的實然狀況中，此三者的真實關係比較像圖2.1所示：個人無法離群（體）索居，人類群體無法獨活於自然環境之外。

▲圖 2.1

　　這是一個無法否認的事實。我們應該可以體認，個人透過群體組織來取得生命存續的資糧，在透過「安身」以求「立命」的努力中，應以不與群體之利益與道義相衝突為理想原則。群體所組成的企業，對自然環境所進行的消耗與宰制作為，也應以不違背物質環境、自然生態內在「循環」且「永續」的趨向為必要原則。倫理抉擇之所以困難，因為個案所涉及的問題常不單純侷限為某一範疇；而當多重利害考量、多種倫理觀點被考慮，倫理的判斷與價值的抉擇

便考驗著當事人理性的深度，甚至是道德的高度。

本書強調，各種範疇間倫理考量的基礎，應以「和諧」為理想的狀態：職場的人際關係與專業權責、企業經營的過程中面對的所有利害關係人，還有保持和環境與生態的和諧；最終要強調的，個人要取得與自己的和諧，在面對道德困難時能勇敢選擇自己認為正確的行為，讓所思與所行達臻和諧，言行一致。

（一）從職場倫理的範疇觀之

在這個講求互助、講求團體作戰的時代，個人的聰明才智縱然常為團隊所倚賴，然而在專業人才普遍存在的現世，大部分的職場對特殊專業人才需求的不可取代性其實不高，而不合群的人格特質卻常有礙於團隊默契的維繫；事實上，唯有合作的氛圍才是讓團隊保有永續競爭力的關鍵。當團隊中的多數都能意識到個人聰明才智在團隊合作的機制下最適當的展現，包括：專業能力的極致展現，還有同儕聯動的積極效益；團隊效能也將因著個人的能量激發而有所提升！個人要忠於團隊，團隊對個人也才有長養與保護的道德義務。當個人的行事作風終不見容於團隊，或生涯發展超越了既有團隊的格局，當事人也許會考慮轉換跑道到另一個團隊。然而，前一個團隊職場的評價多少會影響下一個團隊對當事人的接受度。儘管當事人順利進到下一個職場之後，仍有相應的權利與義務要遵守，甚至仍要與新團隊的潛規則磨合，不得不慎。

（二）從企業倫理的範疇觀之

某個意義來說，企業內部自成一個利害關係結構；而企業外部，包括上下游廠商與所有消費者，都可視為程度不一的利害關係人。企業的人才取之於社會，人才也來自於社會資源的栽培，因此在倫理關係的歸屬上，企業對個人、對社會，彼此之間都有一定的道義責任。

從企業內部來說，員工將企業體視為生活資糧的永續來源，企業則將員工看作利潤創造的後盾。員工對企業忠誠，企業對員工誠信。企業的利潤不應該建立在對員工的剝削上，相反地，應該滿足符合員工所提供的勞務價值合理的酬薪；員工勞務的付出應以企業的最大利益為努力標的，最低限度也不該造成企業的虧損。

從企業運作的外部來說，多贏的理想應普遍存在利害關係人的結構中。上下游廠商因雙贏的共識願意與企業體互通有無，合作乃至互助；社會的普羅大眾因供需關係及對商譽的信任，願意消費商品乃至參與投資。企業一方面應秉持互惠、雙贏的精神彼此扶助，另一方面對廣大的消費與投資群眾提供與售價均質的服務和商品；行有餘力，更有義務將剩餘利潤回饋給普羅大眾，特別是當既有的社會機制無法照顧到部分弱勢，或當緊急急難發生時，企業的社會責任所扮演的角色相形重要。

存在此複雜連鎖中的關鍵價值，其實就是「誠信」：個人與群體間的信任、企業與社會間的信任。信任的基礎基本上建立在利益的共享，利益的共享背後有一個更終極的信念，就是人與人之間的「互助」，從此我們可以用「道義」的倫理高度來看複雜的群倫關係。《易經‧乾卦》中的「義者，利之和也」，強調的就是這種「義」與「利」間的和諧關係。群體利益能達臻和諧，也就是社會道義的最佳展現。

（三）從環境倫理的範疇觀之

個人與群體、企業與企業、企業與社會之間，存在著不同意義的互為主體性，相互依存，故有互助互信的道德義務。然而，從環境倫理的視角觀之，個人、群體與社會，對環境而言，並不存在「互為主體」的相對依存關係，只有單向的：人類社會依存於自然環境。

工業革命以前，人類與環境的關係相對單純而簡單。近代以來，人們透過企業大規模的擷取自然資源、開發建設，賺取龐大的利益。起初，人類並沒有意識到大規模的砍伐、捕殺、開發、製造等將導致許多嚴重的環境汙染與生態危機，直到越來越多證據指出生態破壞與環境汙染的惡果終究要由人類共同承擔，才漸漸有撙節各種人類開發行為的呼聲。如：減少雨林開發、減少碳排放以減緩地球暖化、減少抗生素與農藥使用以遏止環境賀爾蒙對生態圈的危害等。

地球的生態環境經億萬年來的發展，幾可視為一個有機的整體。有機體內部自有其複雜的穩態機制（homeostasis），好使自身可以朝向平衡與永續發展。人類作為自然生態的一環，其與自然環境的位階其實並不是對等的。人類從屬於自然，故沒有權力要求自然對其特別的對待或容忍，只有義務需要去順服自然的法則。萬一人類掠奪／消耗自然環境太過，致使穩態失衡，或造成了

不符自身生存的窘境⋯⋯；打破了穩態後所招致的反饋——大自然的反撲，終將為人類自作自受。

（四）和諧之追求

從職場倫理的範疇觀之，群我關係當以和諧為上策，因為那是一個人或一個族群安身立命的基礎與磐石。從企業倫理的角度觀之，企業對投資人、員工、事業夥伴、消費者，以及廣大的社會群眾，彼此以複雜的利害關係維繫共同的利益，儘管聖賢才智平庸不等的份子充斥其間，然而在相互扶持、共存共榮的社會形成脈絡下，利益的和諧才是社會道義理想的展現。與環境、生態和諧更是不在話下，那是人類生存的基礎。個人對自然的研究與干預、企業對環境的開發與消耗，都應該是在不影響自然界運化的穩態前提下才能被允許。

和諧是群倫間相處的理想狀態，然而現實中存在太多不同的立場：偏見、私心、價值差異、處事決斷、利益分歧、無知⋯⋯等因素，讓和諧關係的維繫變得困難。有時候暫時的或相對的不和諧是可以被理解的，例如：各種專家的專業意見相左、企業間的競逐、各種資源的掠奪等；不和諧的狀態作為一種進化的軌跡，也許是磨合各種新知識、新技術、新關係、新狀態的必要歷程。然而，一味的競奪並不符合人類選擇「互助合作」的社會化群聚精神，一味的競奪結果要不就是造成嚴重的災害，令人們在沉痛中檢討重建的可能，以避免專業的傲慢重蹈覆轍；要不就是形成無止境的內耗，導致利害關係人最終無利可圖；要不就是造成利益分配的極度傾斜，導致利益結構崩解；更令人不願見的是導致環境與生態的失衡，令全體人類陷於生存的威脅。

和諧是群倫間相處值得追求的理想狀態。職場中個人與同事、上司、下屬、業主及業務權責間能達到和諧，有助於合作關係朝共榮與穩健的關係發展；企業與投資人、職員、上下游廠商及社會期待間達臻和諧，有助於創造利益多贏與社會進化；科技的發展和產業開發能與環境生態維持和諧，方能符合文明永續的前提。

和諧甚至是群倫間必要追求的價值。個人不能自外於群體、社會，更無法獨活於自然環境之外；然而，個人畢竟只能透過自我生命的承載以接續層次多元的真實世界。因此，人們終究要與自己取得和諧：為生存的奮鬥、為精神生命的提升、為生命意義的實現；在社會化的脈絡中為群體的利益努力，在更宏

觀的生命關懷中為生存環境保留永續的利基。

　　以上列舉的各種奮鬥，挑戰著個人的理性深度，甚至是道德高度。有些時候，倫理困難之所以是困難，除了一方面因個案具有足夠的複雜性之外；另一方面，也因當事人缺乏夠長遠與夠高明的辨事析理能力。很多抉擇的困難，來自科技發展進程的限度，還有當事人的短視。例如：核能以營運成本計算電價看似相當低廉，以至於讓人甘冒核災的風險來廣泛使用；但若將核廢料處理、終止營運後的封存工程與潛在的核安危機等，以超越世代的縱深來共同評估，核能低廉的優勢將完全失去利基，此論點幾乎是超越各種科學理論、數據及政治口水的顯而易見。因此，個人在面對複雜的工作任務、人際關係與價值抉擇時，需要有足夠的先備知識、靈活的批判思考能力，還要有足夠堅強的道德信念。在面對道德困難時能勇敢選擇自己認為正確的行為，並將行動視作自己思想與信念的實踐，讓所思與所行達臻和諧，言行一致，這便是倫理學對一個倫理人要求的基本德性。

第參章

倫理抉擇與判斷

　　倫理道德並非紙上談兵或高言大志，而是隨時落實在生活中的實際抉擇。但倫理學存有一種常被誤解的相對性：倫理道德會依據不同的人與情境產生不同的選擇結果。這不必然是一個正確的觀點。因為為了能使倫理的討論達成共識且避開謬誤，倫理抉擇的進行其實具有能被大眾檢視的評估方法；透過這些評估方法，我們能避免主觀意見造成的偏執，也可以讓其他人評估解決方案的合理性與有效性。

一 倫理問題的交錯與複雜性

　　任何倫理行為都涉及抉擇。當一個人進行道德思考時，應能保持從思想到實踐的一致性，也就是若他知道如何的選擇能夠符合道德，他就應該朝那個選擇的方向前進。但是，抉擇者在實際操作時可能因為優先選擇對自己有（利）益的部分，或是因為判斷錯誤，以致抉擇的結果不合於道德。

　　倫理問題之所以交錯與複雜，至少與以下三個部分有關：

1. **個人身分問題**：儘管在單一個案中，每個個人常常同時具有多種身分，這些身分可能導致做決定的困難；另一個可能的狀況，是每個人因為自己的身分與角度限制，因而產生對事件的不同解讀，此點與個人過往經驗或價值觀有關。這種身分的多元性也可能引發倫理情感的問題，例如：在法庭中，法官固然是審判者，但有可能同時也是當事人的老師、學生、親朋故舊，乃至仇敵；又例如在醫療院所，醫生固然是一位醫治者，但有可能同時也是一位經營者、示範者、研究者……，具足各種不同的利害考量於一身。由於抉擇者是活生生且實際經歷事件的個體，所以情感因素必須加以考慮。情感因素可

能導致抉擇者產生非理性的決定。
2. **事情本身問題**：每起事件的緣起都非一時一地簡單發生，如果考慮複雜事件的前因後果，會發現每一個事件都由諸多因素所引起，也可能造成種種不同的結果。這導致人在面對難以取捨或進退維谷之情境時，不知應該如何決定。
3. **倫理原則本身的問題**：不同倫理原則也可能造成不同評判結果。倫理規範在面對較為複雜的人際關係時擁有較大彈性，但因為角度不同，導致在抉擇過程與結果中必須做出選擇，甚至造成道德與現實之間的落差。

上述情況都很容易成為行為主體在進行抉擇時面臨困難的原因。原則上，行為者面對道德抉擇時，應在理解與實踐間具有一致性。然而，現實狀況卻是，個人在面對倫理課題與衝突時，他的判斷、決定，甚或因應對策皆受到內在（如：個人之特質、價值觀等）與外在（如：社會輿論壓力、組織文化等）條件的影響。基於實際狀況的諸多限制，為能幫助我們正確思考與掌握這些情境，以下我們將列舉常見倫理學理論，並說明其在工程倫理上如何被應用。

二、常用倫理學理論

面對倫理抉擇，我們可透過外在倫理學規範加以分析。倫理學史上有眾多理論，有些常見、易被實踐，卻會呈現出困難與問題；有些被認為是思考主軸，需要深思熟慮加以理解。在此我們將概略介紹工程倫理（以及專業倫理）較常被引述的倫理學理論。

（一）相對主義（Relativism）與情境倫理學（Situation Ethics）

眾多理論中最容易被引用，但也容易產生爭議的，包含「相對主義」與「情境倫理學」。相對主義強調道德的非絕對性側面，強調基於不同國家擁有不同文化背景，因此認為希望能以單一道德理論解決普世倫理問題是不可能的。尤其西方文化歷經 18 至 19 世紀地理大發現與帝國主義殖民的教訓後，更認為全世界採用同一套道德規範是不可能的。即便排除全世界的巨大範圍，單是個人經驗也能發現道德原則會因不同情境產生不同結果。波依曼（Louis P.

Pojman, 1935-2005）列舉出相對主義證明倫理相對性的方式為：[3]

1. 被認為是道德上對與錯的內容，常因不同社會而有所差異，所以沒有一個對所有社會都是道德的普遍律則。
2. 對每個個別之人的行動來說，其行為的對錯判準，基本上依據他所處的社會規範。
3. 所以，在所有時空中並不存在一個對所有人都是絕對的或客觀的道德理論。

　　支持倫理相對主義的人提出辯護如下：基於不同情況，不同的人在不同環境內面對的道德難題不盡相同，因此我們應該給予的是「倫理建議」而非「道德規範」。情境倫理學的主張因為與相對主義相似而在此被提出，並加以強化相對主義的立場。情境倫理學強調，任何人進行的倫理判斷必須依據此人所在之情境加以討論。

　　舉例來說，如果你的朋友被壞人追殺時，選擇逃進你家裡躲藏。現在壞人來到你面前，問你這位朋友何在，請問你應該如何答覆？大多數人在此情況下會選擇說謊來保全朋友的生命，但是說謊在一般道德思考上並非眾人能認同的價值。若是如此，為何大家在此案例仍願意以這種可能是道德上錯誤的行為來保全朋友的生命？支持情境倫理學與相對主義的人們會認為，這是基於特殊情境下的特殊考量。同理，我們似乎也可以說，如果承包商嘗試透過送禮賄賂探聽標案的底標價格，或是某間公司想透過收買對手的人員以獲取機密資料，我們也可以透過說謊的方式保護公司利益。但是我們應該思考：難道只因為這是特殊情境，我們便能在道德上如此讓步？

　　就工程倫理來說，情境倫理學或相對主義至少在兩方面能夠實踐：首先，大型跨國企業前進至不同國家或地區時，有可能會面臨到文化相對性的衝擊，例如不同國情對性別或種族所本有的歧視差異（本書第伍章將會提到）。即便排除跨文化或跨國界的倫理道德，不同企業文化也因特定氛圍產出與其他公司不同的道德要求。所以，支持者主張情境倫理學與相對主義是對的，因為不同角度引導出不同的倫理觀點，不同處境下也確實存在不同的處理方式。

　　雖然相對主義與情境倫理學看上去有若干理據，但在科技業界仍然存在

---

[3] Louis P. Pojman, *Ethics: Discovery What is Right and Wrong* (California: Wadsworth Publishing Company, 1995), p. 27.

可以證明此論點錯誤的反例。引發 1984 年博帕爾事件的美國聯合碳化物公司（Union Carbide Company，簡稱 UCC）是間大型跨國企業，該公司工安紀錄不良。早在 1927 至 1932 年間，為了提高所屬電力公司的發電效率，UCC 曾進行新河水庫鷹巢隧道的挖掘工程。挖掘期間，工人因為沒有足夠的防護設施，以致大量吸入由二氧化矽鍛鑄之電鑄鋼的粉塵，許多工人因此得矽肺病，最終導致 109 人死亡，476 人終生受傷的悲劇。1960 至 1970 年代，UCC 在澳洲的公司也被多次爆出任意傾倒有毒廢棄物，包含戴奧辛及多種戴奧辛類物質。雖然事件發生地點不同，但不論是美國本土、澳洲以及位在亞洲的印度，UCC 的錯誤卻都相同，因為沒有注重安全規範而釀成大禍。或許三個事件受到的譴責不同（美國與澳洲發生的事件都是罰款了事，而博帕爾事件讓 UCC 拱手讓人），但是它們都同樣因為傷害生命而受到責備。換言之，即便角度不同或情境不同可能造成判斷或處置上的差異，有些倫理規範卻不因為這些外在條件落差而有不同的評價。

（二）利己主義（Egoism）

另一個常被引用的主張是「利己主義」：支持者主張，所謂倫理規範是指應該要符合自身（或公司企業）的利益。利己主義在工程倫理上的應用可以被描述為：工程師與科技人員可以（或應該）為了追求自身利益，儘可能促進自己福祉的最大化。這樣的主張因為加入「專業」的概念而產生特定規範。因為在工程師或科技人員的工作中，「專業」一詞意謂著這些人員在工作中必須遵守某個領域所擁有的特定工作流程或是工作價值。部分的哲學家支持這樣的論點，例如：霍布斯（Thomas Hobbes, 1588-1679）就會傾向於認為：一個真正的利己主義者應該關切自身的長期利益；並且，因為要達成此一目標，所以應該理性地選擇自我福祉的最大化。

利己主義看上去符合科技或工程業界中的實際狀況，例如：里米蘇瑞（William LeMessurier, 1926-2007）在 1977 年設計了花旗銀行大樓，該案在完工後發現設計上的錯誤，導致未來遇到風災時可能產生極大災害。經過審慎思考後，他向花旗銀行集團提出改進方案，以期能讓這棟大樓更加安全可靠。花旗銀行集團接受，並再次委由他進行修建工程。雖然事件過後花旗銀行集團仍向里米蘇瑞提出訴訟，最後雙方也以未公開之金額達成和解，但里米蘇瑞為此在

工程業界獲得極高評價,該案例也在許多教科書或教學場合被拿來作為利己主義的正面案例。因為當一個工程師或科技人員追求真正的能力卓越時,雖然可能產生若干損失,但最終他仍將獲得更高成就。

即便如此,利己主義卻存在兩個無法擺脫的陰影:首先,即便是專業也存在某些偏執,甚至因為偏執導致專業人士對自身專業故意不遵守。另一個問題乃是同儕或上下關係的壓力,導致身處事件中心的當事人為自身利益選擇沉默。發生在 2002 年的安隆公司(Enron)醜聞即為一例。該公司從 1980 年代透過內線交易獲得大量利潤,到 1990 年開始透過境外公司獲得更大的利潤。公司高層為了掩蓋之後投資失利的事實,用盡各種方式虛增利潤。2000 年前後,安隆公司的執行長雷伊(Kenneth Lay)明知公司股票存有重大問題,仍然鼓勵員工儘可能購買公司股票,因為他能從中獲取巨大的個人利益,即便他相當清楚公司內部究竟虧空多少。最終,在安隆公司高層明知故意的情況下,公司破產,並引發日後一連串的經濟問題。

(三)效益論(Utilitarianism)

「效益」概念在工程中容易指向金錢利益──雖然就非專業人士的角度來說,工程或科技首要目的應該為人類提供更好的生活品質。但不可否認,工程與科技目的之一仍然與金錢或相關利益彼此關聯。思考如何獲得最佳利益(不論此處的利益所指為何),就是效益論的核心。

1. **效益論與效益主義**:效益論的核心價值在詢問「如何能得到最大的效益」?倫理學上最早對此類問題的討論可追溯至英國哲學家邊沁(Jeremy Bentham, 1748-1832)及彌爾(John Stuart Mill, 1806-1873)所提出的效益主義。兩位哲學家都指出,面對生活中的抉擇,我們習於傾向對自己較有效益的部分。我們可以歸納效益主義基於對效益的考量而提出的倫理原則如下:

(1) 所有的事物都能根據評估而量化。一般人對於效益的量化不一定具有概念,但最低限度在於可以對不同的選項進行比較。

(2) 透過量化的結果,效益論者主張「最大的量就是最大的幸福」。一如俗諺「兩利相權取其重」,根據抉擇者的價值觀及世界觀,抉擇者應該要在兩個以上的選項中評估此倫理情境最具效益的作法。

思想家介紹

邊沁，18世紀英國哲學家。他是激進社會改革者，在多個領域提倡改革。除了提倡個人與經濟自由、政教分離、言論自由，婦女平權等人類權力外，他也提倡維護動物權益。在世期間出版大量著作，最著名的是《道德與立法原理導論》，為效益主義首度被提出之作品。

彌爾，19世紀英國哲學家，受邊沁影響極大。早年曾組學會，並任職東印度公司，獲得大量時間與實務經驗。其思想強調自由為個人權力，且反對政府干涉。日後擴展效益主義的觀點，並歸結出效益主義的「最大幸福原理」。重要著作包括《論自由》以及《效益主義》等書。

(3) 人會根據評估結果趨向於最大的善，或是選擇最小的惡。通常一個行為之所以困難，在於行為的過程中會同時產生好及壞的結果，這些結果可被稱為「正負效果」。抉擇者可透過相反評估進行抉擇，也就是在數個不同選擇中，選擇一個能將傷害或損失降到最低的途徑。

根據倫理學效益主義衍生出來的效益論，應用在工程倫理上會如此強調：一個行為在抉擇上應該促進最好的效益（或結果）。所以，抉擇者基於效益論進行選擇時如同在問：「此時最好的結果是什麼？我應該如何達到這最好的結果？」這樣的問題。

2. **對效益論的誤會**：由於效益論強調最好的效益，使得效益論常被誤會為：為達目的可以不擇手段。效益論雖然是後果主義，即強調以結果作為評判標準的思考模式，但是好壞的定義卻是透過對整體人群產生的正負影響之大小而論。結果是好的意謂正面多於負面，結果是壞的則意謂負面多於正面。為此，效益論在使用上有兩個面向應該注意：

(1) 從正面角度來說，效益對好壞的定義是透過對人群產生正負影響的結果而論。任何決定都將同時帶有正面與負面兩種可能，而我們會希望負面的結果是為了得到正面結果所附帶產生的。例如：嚴重糖尿病病患為了避免敗血症奪走性命，只能以截肢方式保全性命，這種作法在效益論思考中被稱

為「必要之惡」。但是，必要之惡不能成為支持不擇手段的理由。如果要確定抉擇中必要之惡不是故意的而是附帶的，其判斷標準是，當抉擇者進行一個行為且確知會有必要之惡產生時，他必須確認這裡的必要之惡是達成善之結果的手段，而且必要之惡在量上不能多於善之結果。

(2) 從反面來說，效益論雖然強調量化，卻不能一味地為了獲得量化結果中的最大量幸福，因此可以不考慮方法或手段；效益論也不能因其結果主義的思考模式，而只考慮自身效益的正負結果。福特汽車（Ford Motors）平托（Pinto）案就是典型案例。1970年代美國福特汽車公司大量生產一款名為「平托」的小型車輛。福特汽車公司早已發現這款車型的缺陷：後保險桿的螺絲極易在車禍中刺穿油箱，導致車輛起火燃燒。但是經過成本分析後，他們發現乘客因為車禍致死致傷帶來的訴訟賠償費用，可能遠低於增加保護裝置所需付出的成本，因此決定不為這款汽車的油箱增加保護裝置。該車輛一直到1974年為止至少造成27名乘客因此不幸死亡，直到一位不幸身亡的乘客，其母親開始調查後始揭發整起事件。事後福特汽車公司被處以鉅額罰款。雖然單就金錢效益來說，福特汽車公司省下極大的成本，但就整體效益來看，它的有形（罰款）與無形（商譽）損失卻極為嚴重。

3. **效益論的實際應用**：從效益論的角度出發，其在應用上最低底線為「不傷害原則」。所謂的「不傷害原則」，即是強調：「無論何時何地都不能因所擁有的資訊或專業造成他人的損失，不論此種損失是實質上的或精神上的。」雖然效益論強調結果應該達到最大的善或最小的惡，但是在科技與工程的實際使用上，一旦問題發生，可能會連鎖造成極嚴重的生命財產損失。為此，透過效益論給予之實際應用原則，除積極求取最大效益之外，也應該首要避免發生種種危害的可能。

此外，因為效益論的考慮具有全面性，致使我們不一定有充分時間可以周詳考慮所有狀態，事實上我們也難以掌握每個行動可能帶來的完整結果。有時候「效益」確實難以被可計算的數量所評估，而是透過個人接受的價值呈現。例如：早年前往台東地區創立公東高工並奉獻所學的外籍神父，他們看似並未將精湛的工藝技術發揮出來，也沒有為自己謀取最高的商業利益，但是經由他們對教育工作的投入，卻為台灣早年教育提供了重要的工藝人才培育之搖籃，其效益更是難以估計。

思想家介紹

康德為18世紀德國哲學家，早年求學與任教職期間累積大量實力，於中年以著作形式大量呈現。在知識論上他顛覆傳統論點，發表《純粹理性批判》，強調人的認識能力，並開創德國觀念論的新局。在倫理學上，他強調人的理性與自由，並強調人作為道德主體擁有維護道德義務的必要。

（四）義務論（Deontology）[4]

義務論與我們熟悉的倫理道德較為接近，其最早由德國哲學家康德（Immanuel Kant, 1724-1804）提出。從康德開始，義務論者對於「為什麼要道德」的答案就與效益論不同。他們不相信道德能與最好的結果劃上等號，因為在人類的經驗範圍內，做有道德的事不代表就能得到好的結果。為此，康德與義務論者提出道德來由的不同解釋。

1. **義務論與康德倫理學**：康德強調，因為人具有「理性」，所以道德原則的根源應該是依循理性而產生的「善意志」。善意志指的是：面對道德情境時，能夠依照道德原則的要求，來進行選擇的一種承諾或態度；或是指一個人道德抉擇時所懷有的單純動機。善意志的存在意謂其具有「無條件」的善。所謂的無條件，乃基於不因結果好壞而影響其善的本質。與之相反的是，有條件的善通常指其作為實現其他善的手段（它本身也可以被惡使用而導引出惡的結果）。康德認為，善意志才具有真正的道德價值，這種「道德價值」與效益論所主張的「結果價值」不同。

   康德認為，善意志和道德義務間存在三個道德命題：

   (1) 有道德價值的行為必須是因義務而為。在此我們將命題區分出「合乎義務的行為」與「因義務而進行的行為」。康德強調如果有一個行為符合道德

---

[4] 關於義務論倫理學，參見 Louis P. Pojman, Ethics: *Discovery What is Right and Wrong* (Belmont: A Division of Wadsworth, 1994)；孫振青，《康德的批判哲學》，台北：國立編譯館，1984；F. Copleston 著，陳潔明等譯，《西洋哲學史》卷六，台北：黎明書局，1993.8；李澤厚，《批判哲學的批判──康德評述》，台北：三民書局，1996.9；林火旺：《倫理學》，台北：五南圖書出版公司，2007.10。

義務，則此行為應該被完全遵守。

(2) 一個因義務而行之行為，其道德價值不在行為達成之目的，而在決定此行為的準則（maxim）。準則指的是：意志的主觀原則（行為的策略）。此概念回應上一原則，雖然部分符合道德義務的行為並不被抉擇者所喜愛，但基於道德行為的義務性，該行為仍然必須被遵循。

(3) 義務是尊敬法則的必然行為。康德認為此命題是從第一和第二命題自然推導出來。若抉擇者明白自己應該對法則有所尊重，他就不會問自己行為會有什麼後果，而會問自己行為具有如何的動機。

我們可以這麼說：康德將責任與義務看得如此重要，以致他認為道德的概念就是責任與義務的建立，並強調責任與義務間密不可分的關係。

基於義務的要求，以及為能建立因義務要求而產生的語言令式分析，康德建立起義務論倫理學三原則：[5]

(1) 普遍化原則：該原則強調，行為者只依據那些願意它成為普遍法則的準則行動。若是一個行為符合這個原則，代表這個行為者希望所有人在與他相同的情況下都會和他做出相同的決定。有些學者將此原則稱為可普遍化條件。為能證明普遍化原則的重要，康德舉出「自殺違反義務」、「用假承諾借錢違反義務」、「人有開發自己才能的義務」以及「人有幫助別人的義務」四個例證作為證明。

我們以康德「用假承諾借錢違反義務」的例證說明普遍化原則的意義。這個例子說：有一個人急需借貸，他很確定他沒有錢可以還給借他的人；但他實在需要這筆錢。康德問：「他可以在明知不會還錢的情況下做出假承諾（即「我一定會還錢給你」），以此借貸嗎？」答案是不行。因為一個道德決定必須能符合普遍意志下都可以接受並遵行的道德格律——也就是符合於前述所提的第一條原則所言：「有道德價值的行為必須是因義務而為。」就誠實的角度來說，一個人可以期望他的誠實成為普遍被遵守的格律，但不誠實或做假承諾這一類的格律卻不可能被期望被眾人遵守。

---

[5] 康德將語言區分為定言令式與假言令式。定言令式指不建立在任何主觀目的所決定的客觀原則。由於道德法則具有普遍性及必然性，所以道德法則對人而言變成一種命令的形式，所以道德原則適用於所有的人，道德要求不會因個人的主觀意願而改變。但假言令式是基於主觀目的所決定的客觀原則，會隨時空有所改變。

(2) 目的原則：該原則強調不論對待自己或他人的人性，都要當成目的，而不能當成只是手段或工具。這條原則強調對人的尊重，並且強調人作為倫理主體的重要性。
(3) 自律原則：這條原則強調每一個理性存在者的意志就是制訂普遍法則的意志。該原則同時強調道德與每一個個別主體的關係：道德的要求與每一個行為者有關，因為道德是以我們自己作為起點。

　　正因為道德是以個別之人作為起點，所以康德認為每個人在道德上都應該遵守「無上命令」。所謂的「無上命令」通常是以「你應該如何」或「你不應該如何」類型的句子作為表達方式。康德認為道德本身是絕對無條件的，每一個個別之人施行道德是為了呼應道德主體的道德命令，而非為了效益論所謂的利益。

2. **義務論的定義與應用**：思考康德對倫理與義務的觀念後，我們注意到康德倫理學強調：作為一個理性人，他的責任與義務具有一定的關係。人因為具有理性，所以義務變成他必須遵守的責任。如果將此概念應用在工程倫理／專業倫理內，我們可以定義義務論的原則為：「在這個狀況下，我的義務是什麼？我又應該要做什麼來促進最好的結果？」

　　我們可以「正義」（justice）的概念作為義務論應用的範例。現代關於責任與身分間的關係，常被放置在正義實踐的討論上，這也使當代對於義務概念的討論中會思考義務、身分與正義間的關聯性。一般所謂正義概念包括兩種主要類型：

(1) 分配正義：這是一種比例概念的正義觀點，強調個人貢獻越大應該獲得越多。若某個人對公司貢獻越多，他就應該在地位或其他實質報酬上享有比別人更多的好處。
(2) 交換正義：這是透過數學的比例，達成事物間平等的正義方式，其要求事物間在交換上的平等，例如：購買東西時所付的金額就是交換正義的實踐。

　　義務論在正義的要求上，因為與其原始概念「恰如其分」有關，故義務論在探問職業相關的道德時，容易被誤解為正義是符合個人所認為之需求，其有時也被誤解為齊頭式公平。但義務論真正的概念是在行善及減低惡兩方面的具體事實，也就是透過積極的行善達到消極的減低惡，以促成專業倫理中每個人

都能夠「恰如其分」。

雖然義務論要求個人應盡之義務,但是在實踐上卻也面臨困難。特別在工程倫理中,人常被認為是重要資產的一種,但對義務論來說卻似乎違反前面所提的「目的原則」。這個議題涉及複雜的資本主義經濟,尤其在後現代勞動市場,我們都是將自己的某部分當作工具換取金錢。如果此概念為真,是否意謂聘用勞動者就代表是不道德的?康德可能會辯稱:不把人當作工具是基於道德要求,而非勞動需求。不論如何,在義務論最基本的實踐上,當抉擇者感受到一個道德抉擇與自身喜好彼此違背,且該抉擇符合一般大眾認定之道德結果時,其決定應要貼近義務論之要求。

(五)德行論(Virtue Ethics)

德行論雖較不為人所熟悉,其應用卻廣為人知。以最簡單方式說明,德行論強調行為者應該要達致能力卓越與關係和諧。

1. **基本概念**:倫理學所提到的德行論與前述之效益論及義務論不盡相同。效益論與義務論均強調透過特定規範達至善之目標;但是德行論強調,行為者自己應該具備特定氣質(或知道自己應該是怎麼樣的人),才能實踐道德的生活或做出道德的選擇。所以德行倫理學並不刻意強調規範訓練及養成,而是強調應該詢問當事人「想成為一個如何的人」,或是「想過如何的生活?」德行倫理學認為道德的主要功能在培養人的品格,因此重視「行為者」勝於「行為」,因此又被稱為「行為者倫理學」。德行倫理學認為,重視「我應該是什麼樣的人?」應勝於重視「我應該做什麼」,他們強調不是做什麼(to do),而是是什麼(to be)。

「我應該是什麼樣的人」這個問題與每個時代所具有特定道德價值(期望個人應該成為如何的個體)有關。就德行論來說,不同時代賦予不同角色的價值觀,就是一種社會期待與一種社會責任。雖然社會責任會因不同角色產生不同表現方式,但道德本質並無區別。按照亞里斯多德(Aristotle, 384-322 B.C.)的觀察,若要成為某一領域中良好的判斷者,必須在該領域受過良好的教養。從這個角度來看,德行倫理學所問的問題,與工程倫理/專業倫理期待自身領域內的人員具備倫理這種要求,彼此符合。

2. **德行論的實踐**:因為德行倫理學強調行為者對自己的要求,所以當抉擇者以

> **思想家介紹**
>
> 亞里斯多德是古希臘時期的哲學家，是著名哲學家柏拉圖（Plato，約427-347 B.C.）的學生，也是亞歷山大大帝的老師。他的哲學體系博大精深且無所不包，所以被稱為百科全書式的哲學家。西方哲學所有基礎幾乎都脫離不了他的影響。特別是倫理學的部分，所有研究這門學科的學者都會參考與研究他的著作。他的學生幫他編纂了《亞里斯多德全集》流傳於世。

德行論的角度思考時，如同是問自己：「要如何達到能力卓越？是否擁有更好的目標？應該如何達成這個更好的目標。」能力卓越在工程與科技操作上為人熟悉，因為每位工程與科技人員就是透過達到能力卓越的目標創造更高層次的工程與科技。雖然德行論符合工程／科技領域內的實踐，但在專業領域與社會大眾之間，存在著一些對德行論認知上的落差。

德行論的實踐與社會大眾所認知的「誠信」有關，因此也容易與社會責任彼此聯想。因為科技人才及工程師具有特定專業，所以容易被社會賦予他們特定的責任。然而，這些特定責任真的是屬於工程師等專業人員所應該擔負的？還是社會大眾基於傳統或根據個人主觀認定的？此間可能存有若干的差異。

即便如此，專業人士仍應要求自己達至「能力卓越」的目標：因為誠信的表現，同時也是在專業能力上不斷追求更上層樓之表現。

上述倫理學理論均為工程倫理／專業倫理討論時可供參考的基礎規範。在面對較為複雜的倫理討論上，我們建議可以使用三個基礎倫理規範作為討論核心，分別是效益論、義務論及德行論。但是除了基礎倫理規範外，在分析倫理難題時亦可透過分析方法釐清問題的困難之處。

三 分析倫理問題的方法

前述倫理學理論屬於學術探討，所以應用在工程倫理（或是任何專業倫理）領域常被質疑其適切性？此外，當事人的倫理判斷因受價值觀、世界觀與情感的影響，評估案例時易以個人主觀觀念加以評判，導致每個人評估的結果

不盡相同。為使不同立場的人均能理性的進行倫理抉擇，學者分析歸納若干評估模型，建構出適用所有人的分析方式。這些評估模型能幫助抉擇者正確評估情勢，並合理應用上述倫理學理論。此處我們僅舉出兩個評估模型，提供讀者參考及使用。

（一）抉擇與思考步驟[6]

中華民國行政院公共工程委員會出版的《工程倫理手冊》中提供一個評估模型，用以幫助工程師與科技人員在面對倫理難題時能進行正確的評估。該方式如下：

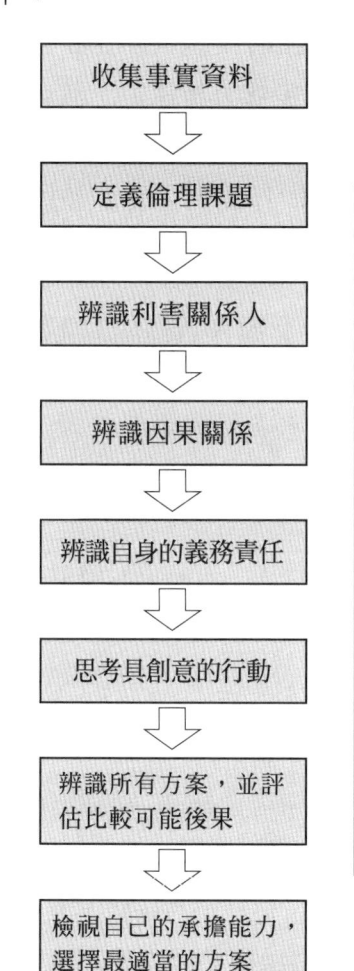

```
收集事實資料
    ↓
定義倫理課題
    ↓
辨識利害關係人
    ↓
辨識因果關係
    ↓
辨識自身的義務責任
    ↓
思考具創意的行動
    ↓
辨識所有方案，並評
估比較可能後果
    ↓
檢視自己的承擔能力，
選擇最適當的方案
```

1. **適法性：**
   檢視事件本身是否已觸犯法令規定。

2. **符合群體共識：**
   檢視相關專業規範、守則、組織章程及工作規則等，檢核事件是否違反群體規則及共識。

3. **專業價值：**
   依據自己本身之專業及價值觀判斷其合理性，並以誠實、正直之態度檢視事件之正當性。

4. **陽光測試：**
   假設事件公諸於世，你的決定可以心安理得地接受社會公論嗎？

---

[6] 行政院公共工程委員會編印，《工程倫理手冊》，頁 12，網址：http://goo.gl/v511S1。

此方式同時兼顧個人與社會群體,且考慮到個人專業能力的問題。四個基礎條件中,適法性為倫理判斷的最低底線;之後的第二項與第三項,符合群體共識和個人專業價值,其中可能存有矛盾衝突。較為特殊的是最後一項「陽光測試」,該條件基礎精神為政府反貪腐的廉能精神。若能通過陽光測試,也就是該決定能受社會公斷,原則上即意味能夠獲得社會大眾的支持。

整體而言,該方法提供的是簡單而迅速的測試,能夠讓工程師或科技人員短時間內評估情勢,做出正確抉擇。

(二)安德信倫理評估模型

第二個評估模型我們要介紹的是安德信倫理評估模型(Arthur Andersen Case Studies in Business Ethics,又稱亞瑟安德森七步驟分析法)。該分析方式為美國安德信投顧公司於 1990 年代,為引導與幫助旗下營業員處理難以解決之倫理難題,進而發展出來的操作方式。該評估模型操作簡易,受到多所大專院校使用作為倫理分析課程使用。該評估模型共計七步驟:

1. 事實為何?	第一個步驟為對事實判讀,將事件以條列方式加以說明。更進一步區分出事件中的三種狀況: (1) 與決定有關或無關的事實。 (2) 假定與事實的不同。 (3) 解釋與事實的不同。
2. 有何主要關係人?	列舉事件中直接有關聯的關係人。有時為能釐清案例,也會將間接關係人加以列舉。
3. 道德問題何在?	此處嘗試將道德問題以「X 是否應該做 Y 這樣的事情?」的語句羅列出來。問題可區分為三種主要類型: (1) 是個人的問題嗎?如:個人的抉擇或態度。 (2) 是組織的問題嗎?如:公司的制度或政策。 (3) 是社會的問題嗎?如:風俗習慣。
4. 有何解決方案?	面對問題,專業倫理的分析可以帶出多種解決辦法。至於應該使用哪一個方案,要根據以下 5、6 兩個步驟的分析加以判斷。

5. 有何道德限制？	面對不同方案，首先考慮提出的方案是否符合道德要求。有時方案明顯違反道德限制，有時方案引出模稜兩可的困境。我們可以使用前面提到三個主要倫理原則，即效益論、義務論與德行論，對方案進行分析。
6. 有何實際限制？	除了道德規範以外，實際限制也是方案需要考慮的問題：有的方案符合道德要求，卻不一定能在現實生活中被實踐。此處可以依據「人、事、時、地、物」五項條件思考，有何實際的限制存在於我們的方案內。
7. 最後該做何決定？	最後根據前面所提方案作出決定，以利爾後工作進行。做決定時可以考慮兩點： (1) 方案間的取捨？ (2) 應該如何具體實踐的方法。

透過安德信評估模型的輔助，可幫助我們明白所做的決定是否能真正具體可行，進而做出正確的決定。

四 個案分析實例

上述理論均可引入實際案例加以分析討論。以下我們將列舉兩個工程倫理的著名案例，並依據前述理論進行簡易評估，提供讀者作為參考。

（一）第一個例子：洛克希德賄賂事件

1970 年代之前，美國洛克希德公司所開發的 L-1011 客機，與麥道公司的 DC-10 客機之間競爭激烈。1970 年代，全日空為了公司發展決定要購買大批客機。1972 年，時任全日空社長的檜山廣，找上當時的首相田中角榮介入採購案。檜山社長在與當時洛克希德公司高層接洽後，讓田中首相收受 5 億日圓賄款，以便向日本政府施壓。最後，導致全日空本來已經採購 DC-10 客機組成新的機隊，變卦改為採購洛克希德公司開發的 L-1011 客機。事件爆發後，洛克希德公司自我辯護的理由為：如果標案無法談成，需要關閉美國中部工廠，造成 3,000 人失業，影響極為巨大。

若是以安德信七步驟分析法進行，且以洛克希德公司為當事人，我們可以概略做如下的分析：

1. 事實為何？	(1)洛克希德公司為使 L-1011 客機被全日空採用，透過大量賄賂金額為手段，賄賂當時日本主要官員，並透過這些官員對全日空施壓。 (2)施壓結果是，全日空推翻原本準備採用 DC-10 客機的決定，改採購 L-1011 客機。 (3)公司宣稱：如果不能達成此一目的，有可能會關閉工廠，造成大量員工失業。所以賄賂是必要之惡。	
2. 有何主要關係人？	(1)洛克希德公司。 (2)全日空航空。 (3)收賄賂的政治人物等。	
3. 道德問題何在？	洛克希德公司可以為了保全工人的權益，採取賄賂的方式達到目的嗎？	
4. 有何解決方案？	方案一：透過賄賂達成目標	方案二：透過轉型推銷機種
5. 有何道德限制？	(1)效益論：公司可立即收到效果。就事實來看，透過賄賂的結果是得到大型訂單，確實達到預期的目標。 　　從長期的角度來看，不論如何都需冒著因被發現，所以受到（各種形式之）懲罰與法律處分相關的風險。	(1)效益論：轉型之後再重新進行推銷緩不濟急，額外的支出與金額也將造成新的負擔。客機市場的大餅需要時間進入搶得客戶。若透過時間研發，即便有極佳之效能表現，卻可能因為錯失時效而失去市場。 　　雖就眼前來看，此方案符合道德需求，但 L-1011 機種整體表現確實不如 DC-10。在產品無法勝出的實際狀況下，從長遠來看不一定能獲得效益。

5. 有何道德限制？	(2)義務論：「賄賂行為」本身是不符合道德的行為。在航空與科技業的角度來看，透過賄賂所得到結果雖能獲得極佳商業利益，但是航空或科技業的義務不單只是創造公司商機，還包括透過積極創新與發展提升技術層面。	(2)義務論：公司積極透過轉型達成目標，符合一般公司發展的道德義務。但積極轉型的同時須考慮關廠工人可能的危機。「照顧員工」在此案例中也同屬公司所應盡之義務。故在此方案中，公司應該透過各種輔助方式，積極實踐公司照顧員工的義務。
	(3)德行論：賄賂屬於因循苟且行為，無法達致能力卓越的期望與要求。此外，賄賂行為也不符合社會期待。從誠信的角度來看，當公司透過賄賂達到所需目標，已違背社會對一間營利公司透過能力與過人之處獲得勝利的期待。	(3)德行論：當公司面臨無法克服的困境，透過積極轉型創造更大的利潤，同時提升自家產品的品質（與性能），符合德行論「能力卓越」的期許。就長遠來看，對公司經營也可收理想成效。
6. 有何實際限制？	(1)立即收到需要的效果，能在最短時間內解決問題。	(1)緩不濟急的窘境，且需要面對失業工人之問題解決。
	(2)法律審判的嚴重性：不同國家原則上相同對賄賂行為採取的較為嚴厲的威嚇手法。採取此方案必須考慮事件爆發後，公司所需要面對的處罰。	(2)公司與組織於轉型中必然面對包含改組、研發、資金等種種困難。
	(3)一般社會（大眾）對賄賂的觀點多採負面，對公司商譽不具正面影響。	(3)若考慮公司商譽，一般社會大眾角度能認同此種改善方式。

7. 最後該做何決定？	(1) 考慮具體可行及所冒風險的問題後，方案一雖然較為容易，但風險卻極高，故方案二仍為兩方案中理想的選擇。 (2) 就現實層面來看，洛克希德公司雖然透過賄賂取得訂單，但在水門案爆發後，該賄賂案被以「案外案」形式提出。包含公司高層與日本官員，日後均受到司法調查，公司形象也受損傷。 (3) 到本書撰寫之時，DC-10 客機及其衍生機種仍以不同方式活躍於航空業，但 L-1011 因無法承擔日益複雜的航空業要求，已全數退役。

（二）第二個例子：福特汽車平托案

我們在前文曾提到福特汽車公司在發現平托汽車有設計缺陷後，不願召回維修，最終導致嚴重損失的事件。我們如果使用安德信七步驟分析法，可以簡單推論如下：

1. 事實為何？	(1) 福特汽車公司發現旗下特定車型的缺陷，該缺陷可能造成乘客嚴重的傷亡。然而，根據效益成本的計算，該車輛出意外導致傷亡的機率遠低於十萬分之一。 (2) 公司工程師已研發出改良套件，每一組需額外增加 11 美元，加上組件後可大幅改善因車輛缺陷導致的意外損傷。 (3) 需要加上改良套件之車輛有兩大類： 　i. 已經出廠的車輛，需要召回維修。 　ii. 尚未出廠的車輛，包含已完成生產者。
2. 有何主要關係人？	(1) 福特汽車公司。 (2) 乘客（及其家屬）。
3. 道德問題何在？	福特汽車公司是否應該不計代價召回以維修該車輛之缺陷？
4. 有何解決方案？	方案一：不計代價檢修。　　方案二：評估過後若需要花費過高經費以進行檢修，即不進行檢修。

5. 有何道德限制？	(1) 效益論：需分為兩個部分討論。 　i. 從維護生命的角度來看，眼前雖然損失極大，但就長期而言可避免乘客（及其家屬）之傷害，並可透過此次召回維護一定商譽。 　ii. 從經費角度而言，上述需維修車輛之部分，已經產出者須透過各種額外付費方式召回，尚未出廠者則需消耗額外人力進行改良。除可見之金錢成本外，尚需考慮不可見之沉默成本。	(1) 效益論：從下列兩方面考慮，召回並非最佳效益考量。 　i. 公司整體利益角度考量，召回所需花費為將錢省下進行官司訴訟與賠償之兩至三倍。 　ii. 車輛的平均出事率低於平均車禍機率，故就長遠考慮而言，官司訴訟與賠償金額不一定能產生實質使用。 根據 i 與 ii 兩點，不召回維修可維護公司金錢利益上的效益。 就效益原則所附帶的「必要之惡」而言，凡是出現意外事故時，將造成乘客（及其家屬）傷害；雖然傷害的發生機率遠低於一定數值，但發生後將對商譽產生特定打擊。
	(2) 義務論：營利公司或企業對社會大眾負有提供安全產品之義務與道德責任。若公司發現販售商品有（造成傷害之）瑕疵時，應提供為販售商品的全面檢修。此種維修符合一般社會大眾所期待之商業買賣義務。	(2) 義務論：維修有瑕疵之商品屬於營利公司企業應盡之義務，為能節省金錢而忽略維修的必要，於倫理道德上違反公司企業應盡義務。 此案例中若將股東與員工納入考量，或可認為在實質獲利上盡營利公司所應負起之義務。

5. 有何道德限制？	(3)德行論：福特汽車公司可透過該次召回同時達至「關係和諧」與「能力卓越」兩個目標。 i. 就「關係和諧」目標言，建立讓消費者信賴之商譽，有助未來商品銷售與推銷，且將可能因瑕疵造成之關係傷害降至最低。 ii. 就「能力卓越」目標言，召回維修能產生數據之累積，藉以獲得未來研發上的資料與先機。	(3)德行論：逃避金錢方面的損失雖然可被稱爲是一種經營上的「能力卓越」，但對公司來說卻不符合自身追求效益極大化的作爲。尤其考慮到後續因賠償產生之關係破裂，並不符合「關係和諧」目標。
6. 有何實際限制？	(1)不計代價檢修所費不貲，尤其考慮出事機率數值，不合於公司整體利益。	(1)在比較出事之賠償與召回的花費後，營利性公司企業容易選擇可立即省下大量費用之方案。此點符合營利性公司企業存在目標。
	(2)能夠避免乘客（及其家屬）受到任何可能傷害。此點在考慮「生命具有絕對優先價值」論點時格外重要。	(2)乘客（及其家屬）將受到本來可預防的傷害。
	(3)就長久言，召回對公司商譽有顯著提升與幫助。因召回產生之經費可視爲公關廣告費用。	(3)公司商譽可能受到損害，且必須考慮官司所必須付出時間與金錢之成本。

| 7. 最後該做何決定？ | 從長短期效益來看，雖然方案二具有立即性的金錢效益，但若選擇方案二如同僅注重眼前的快樂而忽略天邊的痛苦。故合適的選擇仍應為方案一。
就實際發生狀況而言，福特汽車公司基於效益考量進行方案一之選擇。歷經長時間之聽證會與官司後，受到鉅額罰款，該車款也蒙受汙名。雖到今日，福特汽車公司仍為世上最大車廠之一，但平托案在多個領域卻成為探討議題，永遠跟隨福特汽車公司之名號。 |

此處應說明：為能節省讀者時間，並幫助讀者快速掌握該分析方法，上述兩案例之分析均以較為簡單且直述方式進行。這樣的分析其實過於簡易，因為該方法在實際操作上可以更為精細完整。

第二部分 科技與工程倫理

第肆章

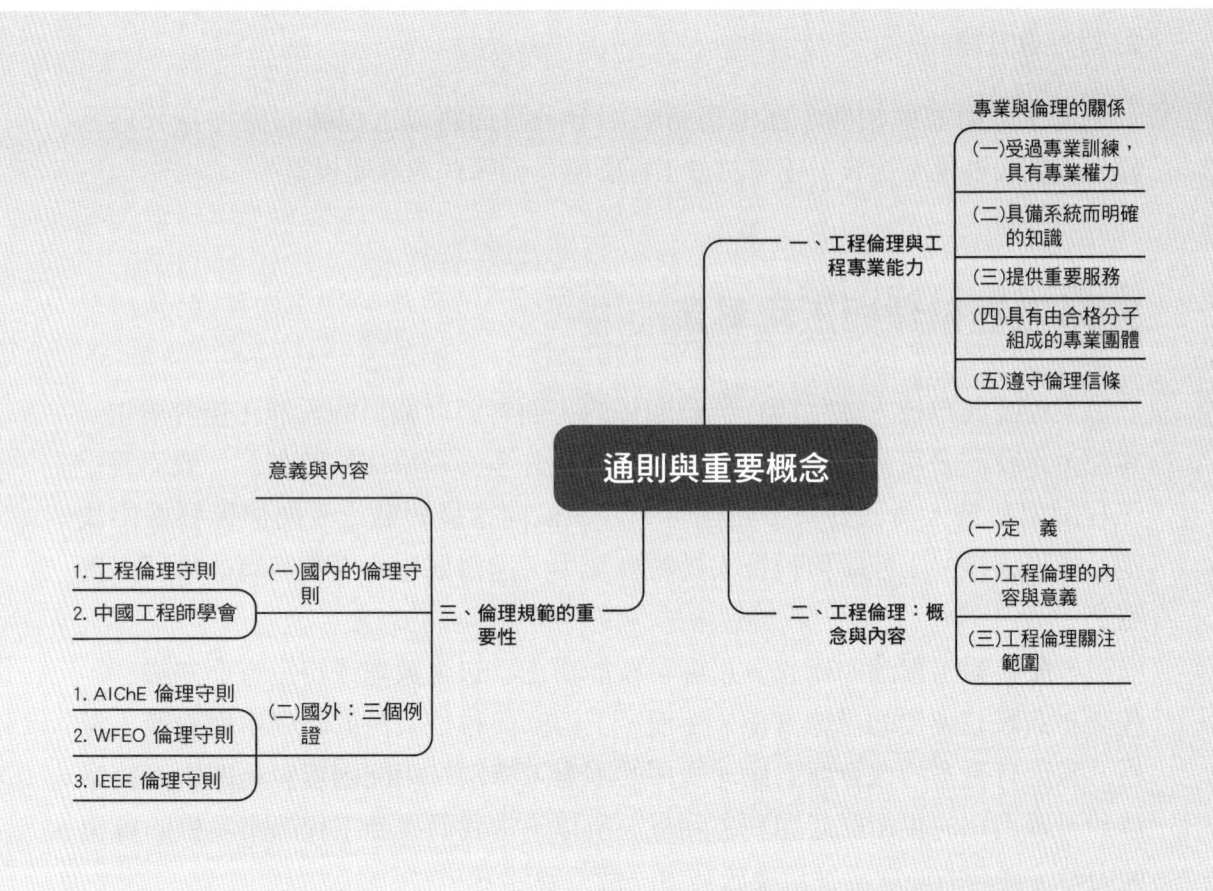

通則與重要概念

通則與重要概念

一、工程倫理與工程專業能力 — 專業與倫理的關係
- (一) 受過專業訓練，具有專業權力
- (二) 具備系統而明確的知識
- (三) 提供重要服務
- (四) 具有由合格分子組成的專業團體
- (五) 遵守倫理信條

二、工程倫理：概念與內容
- (一) 定義
- (二) 工程倫理的內容與意義
- (三) 工程倫理關注範圍

三、倫理規範的重要性 — 意義與內容
- (一) 國內的倫理守則
  1. 工程倫理守則
  2. 中國工程師學會
- (二) 國外：三個例證
  1. AIChE 倫理守則
  2. WFEO 倫理守則
  3. IEEE 倫理守則

▲ 圖 4.1

工程師是人人稱羨的職銜，一般人常常認爲工程師是一群具有與高薪相匹配之專業能力的專業人士，他們的養成需要複雜的知識或專業培養，另外他們也有難以取代的豐富經驗。換言之，工程師如同一種身分象徵，似乎只要冠上「工程師」三個字的頭銜，這個人的社會地位就截然不同。

就現代的職業或專業分工來看，工程師作爲一種身分，已不再只有專業或利益，還包含倫理與道德責任的問題。就一位「工程師」（以及科技人員）來說，其負有的道德責任至少有三方面：

1. 個人的。
2. 人際的（例如：與同事間的）或與公司相關的。
3. 對社會整體的。

這三方面彼此相關。在本書第二部分，我們將以工程師的倫理身分爲基礎，由個人外推至社會，逐步討論工程師應具備哪些的倫理規範。

一 工程倫理與工程專業能力

工程師與科技人才生活在群體關係內，面對不同關係的人群（包含業主、客戶，以及許多可能擦肩而過的他人），有許多必須抉擇的時刻。一般而言，工程師與科技人員面對抉擇難題時，容易偏向透過經驗或受同儕影響做出決定；如果這樣，工程師與科技人員的專業中，還需要包含專業範疇的倫理素養嗎？

一般人對工程師的概念多以專業技能爲主（包含數理或特定方面知識），較少想到職務連帶的道德責任。然而，工程師與科技人員於職場中與一般人無異，甚至有更多的機會面對倫理抉擇的困難，特別是相關困境與難題常直接牽涉到普羅大眾的生命財產和利害關係。所以，當我們提到工程師應具備的專業能力時，健全的倫理素養當屬於其中一個重要部分。

當我們說某人具有「專業」時，意義上不僅是從事某個不同職業，同時也代表他符合以下五個條件：[7]

---

[7] 蕭宏恩著，《醫事倫理新論》，台北：五南圖書出版公司，2004.9，頁 8-12。

1. **受過專業訓練，具有專業權力**：所謂專業人士，意謂著接受過專業訓練，擁有專門師資及技術傳遞的完整系統。
2. **具備系統而明確的知識**：專業需要具備系統而明確的知識，也可以產生相關著作與研究。
3. **提供重要服務**：當一個工程師被認為是專業時，意謂著他要能為整個社會提供重要服務。這樣的服務將對整體社會有所助益，或至少對該服務所潛在的危險能有所把關。作為一個專業人士，基本上蘊含著要為他人提供服務、且具有利他精神的內涵。
4. **具有由合格分子組成的專業團體**：專業團體如同對專業資格的把關，其內的成員基本上也具備了該領域被認可的專業能力。這類團體於平時除了維繫專業領域內的情感交流外，也在經營社團成員能力卓越的提升工作。
5. **遵守倫理信條**：前面 1 至 4 點相同指向，要成為一專業領域，代表具有某種內部固定倫理規範，因為相關規範（或倫理守則）乃針對專業人士之特定的權力與義務進行要求。雖然有時這些信條或守則可能以法規形式出現，但不論以何種方式呈現，倫理信條的重要性可從其出現於專業團體網站上的專頁得到證實。

上述專業能力，在現行證照制度的執行下，常以執照與認證的方式加以證明。例如：社團法人中國工業工程學會便提供工業工程師證照、生產與作業管理技術師證照，以及品質管理技術師證照的考試認證。認證機制是對資格的考核與審定，以特定方式證明受測者具有專業所需能力。但上述倫理問題並無類似證照可進行考試或認證。為此，我們需提出工程倫理作為基礎，說明工程倫理的作用與相關內容。

二 工程倫理：概念與內容

對於強調以執照作為專業認證的工程師與科技人員來說，執照或相關認證可以幫助公司認定該人員已具備所需要的專業。但一如俗諺所言：「能用錢解決的問題就是小問題」，專業領域中也存在若干不會因為該人員具有執照或認證就可以解決的問題，像是複雜的人際關係、道德上兩難問題等等。為能幫助工程師與科技人員面對此般難題，工程倫理因而被提出討論。

（一）定　義

　　工程倫理是一門方興未艾的學科。在美國，至少從 19 世紀中葉起，基於滿足工程師與科技人員的專業需求，許多學會與協會紛紛成立。這些學會或協會一開始以技術與認證為其主要內容。但隨著土木工程興建與科技發展日增，許多因土木工程或科技發展產生的災難亦逐漸出現。這些已經存在的學會及協會開始思索訂出規範，用以規定工程師與科技人員進行抉擇與付諸踐行前的判準。至此，工程倫理算是正式出現。

　　我們可以透過對工程倫理的定義來思考這門學科的特殊性與重要性以下列舉幾例：

1. 維基百科的定義為：「工程倫理（engineering ethics）是應用於工程技藝的道德原則系統，是一種應用倫理。工程倫理審查與設定工程師對於專業、同事、雇主、客戶、社會、政府、環境所應負擔的責任。工程倫理學是一門專注於論述與研究工程倫理的學問，與科學哲學、工程哲學（philosophy of engineering）、科技倫理學（ethics of technology）等等密切相關。」[8]
2. 馬丁（M. W. Martin）與施辛格（R. Schinzinger）在其大作《工程倫理》（*Introduction to Engineering Ethics*）一書中指出，「工程倫理」一詞具有的意義與內涵：[9]

   (1) 指學習個人及機構從事工程道德爭議與政策；
   (2) 指學習在工程活動中所包含的道德理想、人格、政策及公司之關係等相關問題。

根據這樣的意義和內涵，馬丁與施辛格定出倫理和工程倫理間的關係：

(1) 透過瞭解價值和導正工程常規為目的之活動與紀律，解決工程的道德爭議，確認和工程相關的道德判斷。
(2) 解決與工程相關的特殊道德難題和議論。
(3) 在實際工作內容中尋找單純可以解決的傳統與方式。
(4) 是一種正當道德原則，能具有為工程師及科技人員進行道德背書之作用。

---

[8] 《維基百科》條目〈工程倫理〉，網址：http://goo.gl/GG5gBS。
[9] 馬丁、施辛格著，何財能等譯，《工程倫理》，台北：美商麥格羅希爾公司，2011，頁 3-4。

3. 費德曼（C. B. Fleddermann）認為工程倫理是一種專業倫理，而專業倫理的範圍與組織決策相關，也比個人決定複雜。由於涉及不同的範圍與組織，有時包括政府、企業、個人及團體間的關聯性，所以較個人的倫理選擇更為複雜。[10]

參考以上定義，我們可以進一步回歸到「工程倫理」被期待的最根本層面：工程倫理是透過倫理的學習與思考，幫助工程師和科技人員面對因為工程引發的爭議，使能在複雜的情境下做出正確的判斷與抉擇；至少在最低底線，能夠堅守保護重要的利害關係人與自己的道德責任。

（二）工程倫理的內容與意義

工程倫理的研究學者指出，工程倫理的目標在於幫助工程師與專業人員能夠自律。例如：馬丁與施辛格就指出，研究工程倫理目的在於提升工程師的自律。此處所謂工程師的「自律」，其實是在強調一位專業人員要能在面對困難時，憑藉理性做出正確選擇。許多研究顯示，專業人員在面對難以抉擇的道德難題時，容易因外在（或公司及組織）壓力做出明顯不道德的決定。如前文提及的福特汽車公司平托案中，福特汽車公司的人員明知他們的決定可能會造成駕駛人的傷亡，卻還是因著成本考量與公司利潤的緣故而決定不予召回，最終造成多人因為設計不良之故斷送寶貴性命。

我們的倫理判斷從小不斷受到挑戰與訓練，日後更透過這些倫理概念幫助我們完成決定，並實踐在專業判斷遇到困難時的抉擇。但是，工程與其牽涉到的科技領域甚為複雜，很難簡單與即時做出判斷。為此，工程倫理的訓練目的在讓工程師擁有批判思考能力，以便能進行符合現實情況的道德推論；更進一步能在推論過程中，擁有對於道德概念的一致性，並透過道德想像找出具有創造力、且能用以解決問題的方式處理道德難題。最終，我們也期望工程師與科技人員能透過正確使用倫理語言的方式進行道德溝通，以符合他人在道德上賦予的期望，並使自己行為在道德上具有應該具備的合理性、尊重、多樣性，以及對職涯有所幫助的正直。[11]

---

[10] 費德曼著，張一岑等譯，《工程倫理》，台北：全華圖書，2013，頁1-4至1-5。
[11] 馬丁、施辛格著，何財能等譯，《工程倫理》，台北：美商麥格羅希爾公司，2011，頁13-14。

（三）工程倫理關注範圍

　　隨著科技發展，現代工程倫理的範圍越來越廣泛。「工程」一詞雖然最容易被聯想至與建築物相關（特別是土木工程），但是與工程相關的議題卻不只有土木工程，還包括許多雖屬不同領域，卻相同可被稱為是工程（如：巨型機械、生物科技等等）的內容。這些對象一方面包含著該項產品或建築之內，因設計與製造流程中可能產生的倫理問題，也包含與整體外在世界產生關聯的所在。前者我們可以稱為微觀的工程倫理問題，後者則可以宏觀的加以稱呼。

　　馬丁與施辛格舉出休旅車（即一般稱 SUV 車）作為例證，說明上述兩種問題彼此交互混雜。休旅車為多功能用途車輛，最早大約在 1980 年代從美國開始風行。今天我們隨意瀏覽各車商網頁，都可看到各家車商推出或代理的休旅車車款。休旅車價格比一般車輛相較高出許多，其油耗程度也比一般車輛還要巨大，致使其在全球暖化議題上頗受抨擊。當台灣車商主推車輛都在比拚最佳油耗時，休旅車及衍生車種通常只宣傳平均油耗。除了油耗外，SUV 車身較高，大燈照射範圍容易影響前方車輛，車身高度也容易阻擋後方較低車輛視線。上述這些問題都可歸類於宏觀的工程倫理問題。撇開與外在世界（或與其他用路人）的關聯，SUV 本身的零件也有若干可供討論之處。2002 年福特汽車公司探險家（Explorer，台灣亦有銷售該車款）因為普利司通（Bridgestone）輪胎提供的產品有瑕疵，造成美國使用探險家車款的駕駛人至少 300 人因此喪命。調查後發現是因其輪胎設計與製造過程產生瑕疵的緣故，為此付出 2.4 億美元的賠償費用給福特汽車公司。這種狀況就屬於微觀的工程倫理問題。[12]

　　從福特汽車探險家 SUV 的例證可以說明，工程倫理的問題彼此交織，難以單純進行處理。其範圍極為廣泛，從產品設計、製造開始，到最後回收清理，都與工程倫理所能思考的脈絡有關。不論問題屬哪一部分，工程倫理都包含抉擇者確實且具體的實踐。我們在此引用行政院公共工程委員會出版的《工程倫理手冊》中對工程倫理提出的定義與說明，作為這個部分的小結：

　　　　對於工程人員而言，「工程倫理」的首要意義，在建立專業工程
　　人員應有的認知與實踐的原則，及工程人員之間或與團體及社會其他
　　成員互動時，應遵循的行為規範。其探討的內容，說明工程人員應維

---

[12] 馬丁、施辛格著，何財能等譯，《工程倫理》，台北：美商麥格羅希爾公司，2011，頁 4-6。

護及增進其專業之正直、榮譽及尊嚴，增進工程人員對職業道德認識，使其個人以自由、自覺的方式遵守工程專業的行為規範，利用所學之專業知識及素養提供服務，積極地結合群體的智慧與能力，善盡社會責任，達成增進社會福祉的目的。[13]

三 倫理規範的重要性

　　工程倫理的學習並非單靠經驗傳承，學習工程倫理是在學習理解個案的倫理情境中所擁有之規則與典範，並思考如何將這些規範應用在工程實務的倫理難題上。為此，工程倫理的學習中包含對道德推論的理解，以及對特定倫理守則的熟悉與尊重。

　　道德推理對工程倫理是重要的。雖然這個問題往往受到質疑：為什麼工程領域的專業人員需要道德推論？難道法律或領域內的傳統不足以解決問題嗎？許多工程專業在最低底線上要求所屬人員必須符合法律規範。我們知道，法律是基於對社會有益之事，並預防有害之事或可能之弊端而明文規定的書面要求，具有高度強制力，違法者可經由國家給予適當甚至嚴厲的處罰。然而，合法的事情卻不一定合於道德。事實上，如果單純能用法律就可以解決的問題，這個問題其實也不會再是難以處理的問題。

　　道德推理是透過倫理思維，讓專業人士在其領域內，根據合理與否的概念進行道德抉擇，並且能做出最後的決定。這種抉擇是理性的，且為根據事實所進行的邏輯推論過程。費德曼認為，倫理問題與工程問題彼此類似：兩者都相同面對未知的結果，但兩者均強調理性的作用，以及都擁有基於人無限創意而想像出來各種合理的解決之道。[14] 工程倫理並不是千篇一律以特定答案進行解決的問答，而是在實際處境中透過合理思維提出最合宜方案的過程。

---

[13] 行政院公共工程委員會編印，《工程倫理手冊》，頁4，網址：http://goo.gl/v511S1。該手冊為行政院公共工程委員會發行之工程倫理官方資料，可在行政院公共工程委員會的官方網頁上下載完整PDF檔。

[14] 費德曼著，張一岑等譯，《工程倫理》，台北：全華圖書，2013，頁1-7至1-8。

要一位專業人士專門學習倫理規範並非容易之事，按本章前面所提對專業的概念，「倫理」本身也是一門專業的知識與技術。為能幫助專業工程人員及科技相關人士對倫理規範有所掌握，並協助他們在面對倫理抉擇時能明瞭自己的道德責任與應盡義務，國內外許多機關團體或相關學會均擬出長短不一（也都化繁為簡）的倫理守則（Code of Ethics）。這些守則目的在於提供工程師與科技人員短時間內可以掌握與分析的倫理規範，俾使他們在面對倫理抉擇難題時能夠快速且正確地釐清自身抉擇的依據。原則上不同機關團體提出的倫理守則有其適用性與特殊環境考量，但並不妨礙其作為倫理判斷的參考標準。

由於國內外團體甚多，此處僅提出五個較具代表性的機關團體的倫理守則作為參考：

（一）國內的倫理守則

國內各學會倫理守則部分，我們列舉行政院公共工程委員會提出的〈工程倫理守則〉，以及中國工程師學會於官方網站上所提出的〈工程師信條〉。特別前者為政府官方正式公布版本，相當具有參考價值。

1. **工程倫理守則**：根據行政院公共工程委員會於網站上公布之〈中華民國97年度立法院審議中央政府總預算案所提決議、附帶決議及注意辦理事項辦理情形報告表〉中所記載，在「有關促進工程技術專業服務品質之提升及強化國際競爭力方面」的工作中，其中一項為2007年1月擬訂「強化工程倫理方案」計畫據以執行，並編訂《工程倫理手冊》。這份手冊除了發送兩萬冊外，也以PDF電子檔形式放置在網路上提供民眾下載閱讀。PDF檔的手冊第13頁至第21頁舉出工程倫理的八大守則及其細項，並於第25頁開始列舉出30個科技與工程業界面臨的實際個案。文中的八大守則及其細項表列如下：

工程倫理守則

一、善盡個人能力，強化專業形象。（對個人的責任）

　　1-1. 工程人員應恪守法規，砥礪言行，以端正整體工程環境之優良風氣，並維護工程人員之專業形象。

1-2. 工程人員不得以任何直接或間接等方式，向客戶、長官、承包商等輸送或接受不當利益。

1-3. 工程人員應瞭解本身之專業能力及職權範圍，不得承接個人能力不及或非專業領域之業務。

1-4. 工程人員應對於不同種族、宗教、性別、年齡、階級之人員，皆公平對待。

1-5. 工程人員應彼此公平競爭，不得以惡意中傷或污衊等不當手段，詆毀同業爭取業務。

1-6. 工程人員不得擅自利用組織或專業團體之名，圖利自己。

二、涵蘊創意思維，持續技術成長。（對專業的責任）

2-1. 工程人員應持續進修專業技能與相關知識，提昇工作品質。

2-2. 工程人員不得誇大或偽造其專業能力與職權，欺騙公眾，引人誤解。

2-3. 工程人員應積極參與專業團體，並藉由論文發表等進行技術交流，提升整體專業技術與能力。

2-4. 工程人員應秉持專業觀點，以客觀、誠實之態度勇於發言，支持正當言論作為，並譴責違反專業素養及不當之言行。

2-5. 工程人員應尊重他人專業與智慧財產，不得剽竊他人之工作成果。

2-6. 工程人員應隨時思考專業領域之永續發展，並致力提升公眾之認同與信賴，保持專業形象。

三、發揮合作精神，共創團隊績效。（對同僚的責任）

3-1. 工程人員應尊重前輩、虛心求教，並指導後進工程人員正當作為及專業技術。

3-2. 工程人員不得對下屬作不當指示。

3-3. 工程人員應對於同僚業務上之不當作為，婉轉勸告，不得同流合汙。

3-4. 工程人員應與同僚間相互信賴、彼此尊重，並砥礪切磋，以求共同成長。

四、維護雇主權益，嚴守公正誠信。（對雇主／組織的責任）

　4-1. 工程人員應瞭解及遵守雇主之組織章程及工作規則。

　4-2. 工程人員應盡力維護雇主之權益，不得未經同意，擅自利用工作時間及雇主之資源，從事私人事務。

五、體察業主需求，達成工作目標。（對業主／客戶的責任）

　5-1. 工程人員應秉持誠實與敬業態度，溝通與瞭解業主／客戶之需求，維護業主／客戶正當權益，並戮力完成其所交付之合理任務。

　5-2. 工程人員應對業主／客戶之不當指示或要求，秉持專業判斷，予以拒絕及勸導。

　5-3. 工程人員應對所承辦業務保守秘密，除非獲得業主／客戶之同意或授權，不得洩漏有損其權益之相關資訊。

六、公平對待包商，分工達成任務。（對承包商的責任）

　6-1. 工程人員應以專業角度訂定公平合理之契約，避免契約爭議與糾紛。

　6-2. 工程人員不得接受承包商之不當利益或招待，並應盡可能避免業務外之金錢來往。

　6-3. 工程人員不得趁其職務之便，以壓迫、威脅、刻意刁難等方式，要求承包商執行額外之工作或付出。

　6-4. 工程人員應與承包商齊力合作，完成任務，不得相互推諉責任與工作。

七、落實安全環保，增進公眾福祉。（對人文社會的責任）

　7-1. 工程人員應瞭解其專門職業乃涉及公共事務，執行業務時，應考量整體社會利益及群眾福祉，並確保公共安全。

　7-2. 工程人員應熟知專業領域規範，並瞭解法規之含義，對於不合乎規範、損及社會利益與公共安全之情事，應加以糾正，不得隨意批准或執行。

　7-3. 工程人員應提供必要之技術資料或作業成果說明，以利社會大眾及所有關係人瞭解其內容與影響。

7-4. 工程人員應運用其專業職能，盡其所能提供社會服務或參與公益活動，以造福人群，增進社會安全、福祉與健康之環境。

八、重視自然生態，珍惜地球資源。（對自然環境的責任）

8-1. 工程人員應尊重自然、愛護生態，充實相關知識，避免不當破壞自然環境。

8-2. 工程人員應兼顧工程業務需求與自然環境之平衡，並考量環境容受力，以減低對生態與文化資產等之負面衝擊。

8-3. 工程人員應致力發展及優先考量採用低汙染、低耗能之技術與工法，以降低工程對環境之不當影響。

2. **中國工程師學會**：兩岸最具歷史的中國工程師學會早於詹天佑時期便已成立，近年來積極參與國內外重大建設，推動建設現代化。其於官方網站上公布該學會的〈工程師信條〉，內容如下：

工程師信條

壹、工程師對社會的責任

　　守法奉獻：恪遵法令規章保障公共安全增進民眾福祉

　　尊重自然：維護生態平衡珍惜天然資源保存文化資產

貳、工程師對專業的責任

　　敬業守分：發揮專業知能嚴守職業本分做好工程實務

　　創新精進：吸收科技新知致力求精求進提昇產品品質

參、工程師對業雇主的責任

　　真誠服務：竭盡才能智慧提供最佳服務達成工作目標

　　互信互利：建立相互信任營造雙贏共識創造工程佳績

肆、工程師對同僚的責任

　　分工合作：貫徹專長分工注重協調合作增進作業效率

　　承先啟後：矢志自勵互勉傳承技術經驗培養後進人才

（二）國外：三個例證

在國外相關倫理守則的部分，我們列舉三個主要與科技工程相關協會的倫理守則作為說明，分別是美國化學工程學會、世界工程組織聯合協會，以及電機電子工程師學會。

1. **AIChE 倫理守則**：美國化學工程學會（American Institute of Chemical Engineers，簡稱 AIChE）為幫助會員在專業上提供符合倫理之服務，特於官方網頁上公布倫理守則。倫理守則內容如下：[15]

> 美國化學工程學會的成員應該藉由下列各項堅持，並發展工程專業的誠信、榮譽和尊嚴：
> - 秉持誠實、公正，並以忠誠服務業主、客戶與社會大眾；
> - 穩定的增加關於自身工程專業的競爭力與聲望；
> - 透過專業知識技能強化人類福祉。
>
> 為能達致上述目標，成員們應該：
> - 堅持社會公眾的安全、健康與幸福之重要性，並且在發揮其專業職責最大效能狀態下維護生態環境。
> - 如果基於職責中能明確知道他們的員工或公眾在現在或未來其健康與安全將有不利之威脅時應該提供業主和客戶正式的忠告（並在需要的狀況下提供更多訊息）。
> - 對自身行為負責，嚴肅地對自身工作尋求與聽取意見，同時對他人成果提出客觀的批判。
> - 陳述問題時以客觀真實的態度提供相關資訊。
> - 在專業領域內成為業主或客戶忠實代理人或受託者，避開利益衝突並嚴守保密原則。
> - 公正對待並尊重同事或共同工作的團隊，瞭解他們個人獨特的貢獻與能力。
> - 只在其職責範圍內提供專業服務。

---

[15] 參見其官方網頁，網址：http://www.aiche.org/about/code-ethics。

- 透過服務中展現的長處建立起專業聲譽。
- 透過自身的職涯持續發展專業能力,並在監督下提供專業發展的機會。
- 不接受任何外在攔阻。
- 促使自己立身於公平、誠實與尊重的態度上。

除上述倫理守則外,該學會致力推廣化學專業內之兩性平等。故在倫理守則的專頁上另附有〈AIChE 性騷擾防治政策〉(AIChE's Sexual Harassment Policy)的文件,展現其在專業內對倫理之尊重。

2. **WFEO 倫理守則**[16]:1968 年於巴黎成立的世界工程組織聯合協會(World Federation of Engineering Organizations,簡稱 WFEO)為非營利組織。其官方網站上提供 WFEO 所建議的倫理守則,其守則如下:

WFEO 服務社會並被認為在對政策、效益以及對與工程和科技相關之關注的事上,提供值得敬重與有價值的建議與引導。

WFEO 的倫理守則如下:

為能達致工程的實踐,專業工程師應該要:

1. 表現正直
   1.1 避免詐欺、貪腐或犯罪行為
   1.2 應該公正客觀值得信賴
   1.3 行事公正並善待客戶、同事與其他人
2. 勝任工作
   2.1 在職權範圍內謹慎而勤奮的工作
   2.2 根據那些已被普遍接受的工程實務、標準與守則進行工作
   2.3 獲取並提升他們工作內的專業知識
3. 履行領導
   3.1 透過工作提升社會生活品質
   3.2 透過他們的工作與一般性的專業直接提升專業知識
   3.3 教育公眾對科技議題的理解與工程的角色

---

[16] WFEO 的官方網站:http://www.wfeo.net/ethics/,該協會倫理守則可於官方網頁查詢。

4. 保護自然維護環境
   4.1 創造與貢獻關於永續經營未來的工程解答
   4.2 關注因行動或計畫所造成經濟的、社會的與環境的結果
   4.3 增進並保護社會與環境的健康、安全和良善行為

　　WFEO 除對工程師提出建議外，也對工程師及其所屬公司組織提供〈世界工程組織聯合會可持續發展和環境管理行為規範〉。WFEO 就其官方網頁資料（特別是倫理學部分）來看，非常重視工程與永續發展間的關係。該份文件亦提供中文版本的官方翻譯。十個原則如下：

1. 保持並不斷加深對環境管理、可持續原則，以及你所在的實踐領域的認識和理解。
2. 當你的知識不足以解決環境和可持續發展問題時，借用該領域人士的專業技能技巧。
3. 納入適用於工作的全球性、區域性、本土性和當地的社會價值觀，包括本地和社會群體關注的問題、生活品質問題，以及伴隨著傳統文化價值觀的一道對環境影響有密切關係的其他社會問題。
4. 運用與可持續發展和環境有關的適宜標準和原則，儘早將可持續成果付諸實踐。
5. 評估工作的經濟可行性時，通過適當考慮環境變化和極端事件，對環境保護、生態系統的組成部分，以及可持續問題的成本和收益做出評定。
6. 將環境管理和可持續計畫納入到生命週期的規劃，以及影響環境的管理工作中，同時採取有效的、可持續的解決方案。
7. 尋求可以在環境、社會和經濟之間找到平衡點，同時為創造健康良好的建成環境和自然環境做出貢獻的革新方法。
8. 因地制宜地推進內在和外在利益相關者的參與過程，以公開透明地方式實現更多利益相關者的參與。及時回應任何利益相關者與任務有關的問題，包括經濟、社會和環境問題。向相關權威機構披露有助於保護公眾安全的必要資訊。

9. 確保工程項目符合相關法律要求和監管要求,並透過採取最易獲得,最有經濟可行性的技術手段和程序來盡力完善這些專案。
10. 遇有嚴重或不可逆轉損害的威脅時,即使不完全確定其危害程度,也要及時採取緩解危機的措施來降低環境的惡化程度。

3. **IEEE 倫理守則**:電機電子工程師學會(Institute of Electrical and Electronics Engineers,簡稱 IEEE)是成立於 1963 年的專業技術學會。該學會在政策白皮書第七節中提出 IEEE 的倫理守則如下:

身為 IEEE 的成員,我們認知我們的技術對影響世界各地生活品質的重要性,並接受因我們專業所產生的個人義務,包含我們所服務的團體及成員,因而在此我們自我承諾更高的倫理及專業要求,並且認同:

1. 在做出決定時一貫地思考安全、健康及公眾福祉以便能承擔責任,並及時公布那些可能危及公眾或環境的相關因素。
2. 盡可能避免實際或潛在的利益衝突,並且在這些衝突存在時適當的公布給受影響的每一方。
3. 在進行賠償或估價時應保持誠信與真實。
4. 拒絕任何形式的賄賂。
5. 增進對科技的認識,包含與其相關的應用方式與可能的結果。
6. 透過合格的培訓與經驗傳承,或是對限制充分公布的狀況下,保持以及提升我們專業技術,並且為他人提供技術性工作的服務。
7. 對科技工作提出可被認知、接受及誠信的批判,瞭解並修正錯誤,好為他人提供合適的貢獻。
8. 公正對待所有人,並且不因基於種族、宗教、性別、殘疾與否、年齡、世代階層、性別取向、性別認同或性別表達而對他們有所區隔。
9. 避免因虛假或惡意行為傷害他人,包括他們的財產、名譽以及事業。
10. 在專業發展上協助同事與夥伴,並且支持他們遵行倫理守則。

只有在下列狀況發生時才能對 IEEE 守則進行變更：

- 需要被更改的提案已經經由學會公布至少三個月且事先經由董事會對提案請求審議並通過審查。
- 在董事會進行最後決議前所有 IEEE 的各部門委員會要有機會進行討論與修改。
- 只有在董事會到達法定人數出席且有三分之二的人投票同意時，對倫理守則的變更才能執行。

IEEE 倫理守則的特殊性在於對守則變更的特殊規範。有鑑於該學會體系龐大，其對於守則變動的條件趨向於公開性、多元性及嚴格性的規範。變更程序的嚴謹可證明該學會對倫理之重視態度。

上述倫理守則的意義，在於期許工程師在工作中將職場必備的忠誠與責任以具體可行方式表現出來。這些倫理守則雖然具體，但充分表現出倫理要求，值得工程師與科技人員（甚至所有專業領域人員）參考。

本章小結

上述文字我們首先從專業與倫理的關係作為出發，進一步說明工程倫理的意義與範圍，之後討論倫理守則的概念。在結束對倫理守則的討論時，我們指出倫理守則的目的：將工程師工作中必需之忠誠與責任以具體可行方式表現出來。這個結論引導出我們下一章的問題：工程師應具備的倫理概念究竟是什麼？

就一般社會大眾觀感來說，工程師與科技人員除了本身的專業能力外，專業倫理的素養也被認為是不可缺少的。社會大眾眼中的工程師與科技人員，除最前面提到的外在刻板印象外，還被賦予一種應該具有忠誠與責任的期望（甚至是要求）。事實上，工程師與科技人員對自身專業的忠誠與責任實為一體兩面之表現。

工程師或科技人員所具備之忠誠，不只是對公司與企業的忠誠，還包括對自身專業的尊重。專業人員的培養需要時間，不論在學理或經驗累積方面均相同。一位被認為「好的」專業人員不僅能處理專業問題，也能以謹慎態度面對自身擁有的專業。因為謹慎面對，才能對應盡的責任加以負責。特別是工程師與科技人員肩負的責任不僅是將一份工作完成，還包括透過自身專業促進更好與更完善的結果。因此，當我們說一位工程師或科技人員具有專業時，不是只包括他的專門技術，也不僅是指經驗豐富的部分，更包含這位工程師或科技人員在倫理方面能以善之結果為目的，竭力避免不道德事件的發生。

我們將在下面數章從工程師與科技人員的個人能力與表現，探討不同範疇裡工程師的忠誠與責任。第伍章我們將討論工程師與科技人員個人應該具有的忠誠與責任。第陸章討論一群工程師與科技人員的組成應負有如何的忠誠與責任，此時我們已逐漸進入工程、科技與整體社會的關聯性。第柒章將討論一間以工程及科技為主的企業或公司應該對社會與全球負起如何的忠誠與責任。最後我們將依據行政院公共工程倫理委員會所編定《工程倫理手冊》內，八大主要工程倫理產生問題之所在，列舉國內外曾經發生過的重大工程倫理個案作為分析參考。

第伍章

工程師面對的倫理難題

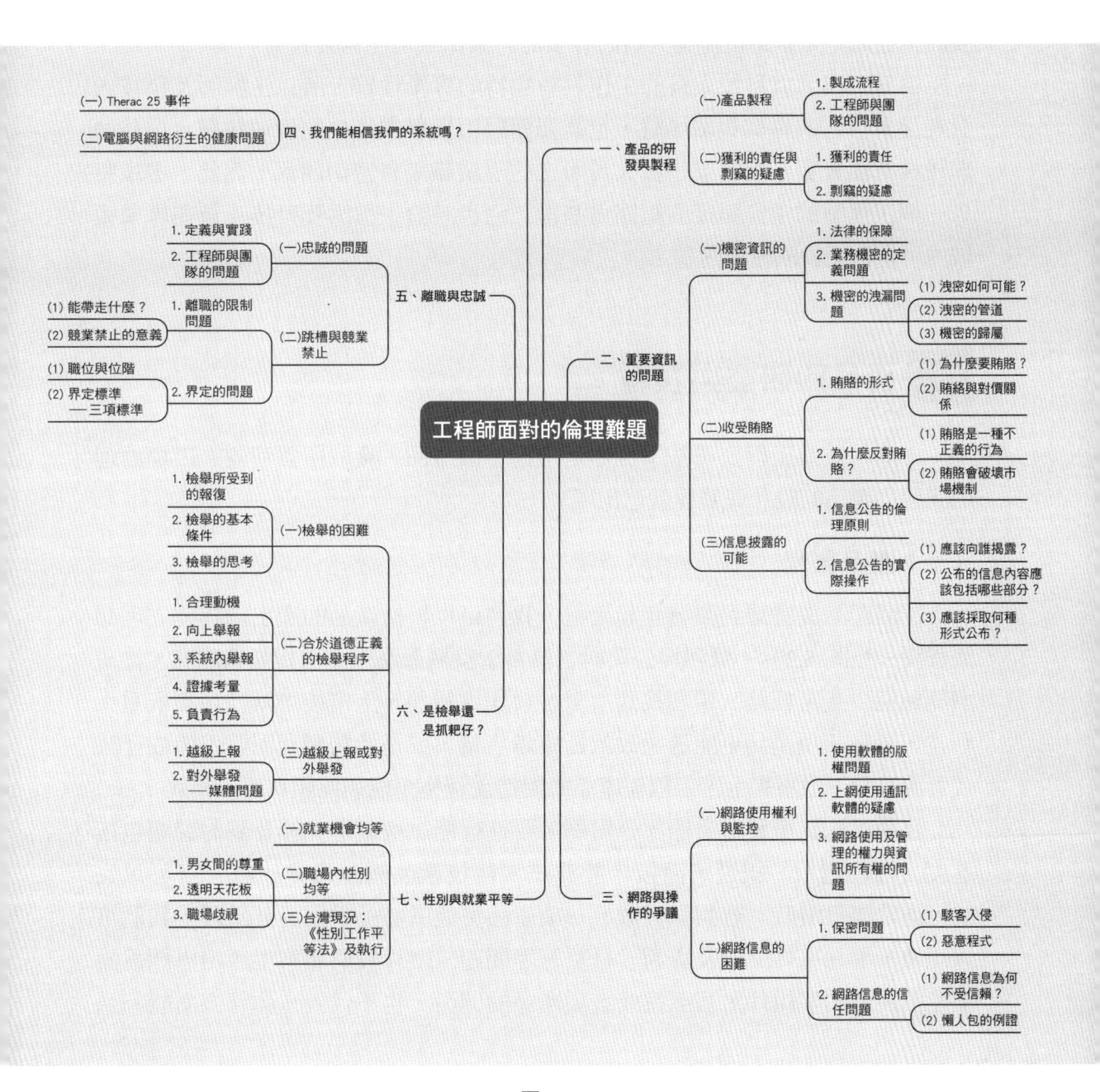

工程師面對的倫理難題

一、產品的研發與製程
- (一)產品製程
  1. 製成流程
  2. 工程師與團隊的問題
- (二)獲利的責任與剽竊的疑慮
  1. 獲利的責任
  2. 剽竊的疑慮

二、重要資訊的問題
- (一)機密資訊的問題
  1. 法律的保障
  2. 業務機密的定義問題
  3. 機密的洩漏問題
     - (1) 洩密如何可能？
     - (2) 洩密的管道
     - (3) 機密的歸屬
- (二)收受賄賂
  1. 賄賂的形式
     - (1) 為什麼要賄賂？
     - (2) 賄絡與對價關係
  2. 為什麼反對賄賂？
     - (1) 賄賂是一種不正義的行為
     - (2) 賄賂會破壞市場機制
- (三)信息披露的可能
  1. 信息公告的倫理原則
  2. 信息公告的實際操作
     - (1) 應該向誰揭露？
     - (2) 公布的信息內容應該包括哪些部分？
     - (3) 應該採取何種形式公布？

三、網路與操作的爭議
- (一)網路使用權利與監控
  1. 使用軟體的版權問題
  2. 上網使用通訊軟體的疑慮
  3. 網路使用及管理的權力與資訊所有權的問題
- (二)網路信息的困難
  1. 保密問題
     - (1) 駭客入侵
     - (2) 惡意程式
  2. 網路信息的信任問題
     - (1) 網路信息為何不受信賴？
     - (2) 懶人包的例證

四、我們能相信我們的系統嗎？
- (一) Therac 25 事件
- (二)電腦與網路衍生的健康問題

五、離職與忠誠
- (一)忠誠的問題
  1. 定義與實踐
  2. 工程師與團隊的問題
- (二)跳槽與競業禁止
  1. 離職的限制問題
     - (1) 能帶走什麼？
     - (2) 競業禁止的意義
  2. 界定的問題
     - (1) 職位與位階
     - (2) 界定標準——三項標準

六、是檢舉還是抓耙仔？
- (一)檢舉的困難
  1. 檢舉所受到的報復
  2. 檢舉的基本條件
  3. 檢舉的思考
- (二)合於道德正義的檢舉程序
  1. 合理動機
  2. 向上舉報
  3. 系統內舉報
  4. 證據考量
  5. 負責行為
- (三)越級上報或對外舉發
  1. 越級上報
  2. 對外舉發——媒體問題

七、性別與就業平等
- (一)就業機會均等
- (二)職場內性別均等
  1. 男女間的尊重
  2. 透明天花板
  3. 職場歧視
- (三)台灣現況：《性別工作平等法》及執行

▲ 圖 5.1

想像你是第一天上班的工程師，正進入辦公室準備開始工作。這一刻你在想什麼？

你的答案可能是「沒想什麼，就只是想把工作完成，不要出錯」，也可能是「第一天還在熟悉環境，什麼也沒想」。不論你的答案為何，當工程師或科技人員加入某間公司時，這位專業人員就等於承接公司所賦予的責任與義務。其責任與義務或許範圍很廣，但在當代競爭激烈的科技或工程業界來說，最重要的工作之一是以這位專業人員的專業能力確保公司能夠獲利。

由於工程師與科技人員的工作具有獨特的專業性質，所以工程師及科技人員在面對自己的專業與職場時，也需要面對因為專業產生的倫理抉擇。這些倫理抉擇有部分與工程師或科技人員所在的專業職場有密切關係。為此，本章將以一個工程師的工作與接觸範圍為基礎，逐步討論工程師及科技人員在專業領域內可能會面對的種種問題。

一、產品的研發與製程

一間科技或工程公司基本目標是透過產出產品，獲取所需利益。工程倫理的問題從產品的設計與製程就已出現。

（一）產品製程

一個產品從發想到製造有其流程，我們可以根據產品的產出過程建立理想流程圖（見圖 5.2）。營利性公司與企業希望整個產品生產流程能夠順利，從研發開始能少走冤枉路、順利找到所需材料與零組件，上市後可幫公司獲取重大利益，最終該項產品更能透過改款延續銷售量，或是能夠順利回收不造成汙染或資源浪費。但事實上，工程與產品的製造流程極少能如此順利而不複雜。

我們以測試與製造這個部分為例。要進行測試與製造，涉及到的問題包括進度、零件選用、組裝，而後才能測試。科技產品測試又非一時一日可以完成，通常曠日廢時；若測試失敗，一項產品可能就必須重回設計階段。我們可以想像，零件另外又涉及專利、材質等等問題。就算我們能夠生產出專門為該項產品製造的零組件，甚至完成該項產品的開發，也不代表在品管方面能夠通

▲圖 5.2

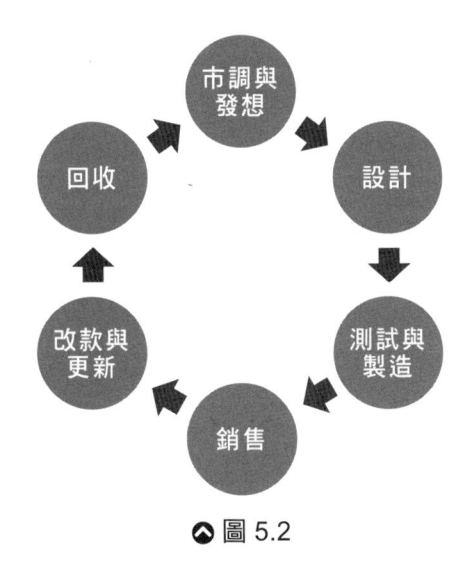

過測試。此外，產品即便通過品管要求，也可能因為市場需求或一般消費者習慣導致接受度不高。以微軟公司（Microsoft）為例，2007 年正式發售的作業系統 Window Vista 上市後受到多方批評，雖然微軟認為大部分電腦都能順利執行該作業系統，但確實有為數不少安裝該系統的電腦呈現出執行速度過慢的問題。部分業界人士也批評 Vista 系統被故意寫得過於巨大。到了 2012 年年底，當 Win 8 作業系統上市後，此作業系統再次惡評如潮，導致業界盛傳新的作業系統必須提前上市。

微軟兩款負評頗多的作業系統讓我們看見：現在社會中，科技產品或是工程建設的出現已不再和過去相同。過往產品上市就是既成事實了，除非發生嚴重意外，否則許多資訊不易被傳遞或流通。但是，現在的市場與社會，因為資訊流通發達迅速，一旦產品有瑕疵或疑慮，短時間就可能迅速（在網路上）被傳遞，導致該項產品受到各方檢視與批評，甚至造成產品銷售困難。

（二）獲利的責任與剽竊的疑慮

由於工程師、科學家或科技人員的專業身分，傳統上容易被賦予較高的道德期待，像是「高級知識份子」，或科學的目的在於「造福人群」、「促進社會進步」等；常被忽略的是，工程師、科學家或科技專業人員作為社群內的一份子仍有其生活與生計的壓力，工程師等專業人士必要在意工作報償是否足以養活自己，以及足以撐起一個家庭的的責任。作為一份職業，工程師等專業人

士以自身的專業能力獲取與之相稱的報償,但同時也有義務要為所屬的公司行號(包含自己創業狀況)獲取商業及市場上的最大利益;然而,現實的市場競爭而殘酷,這使得工程師憑藉自身的能力設計產品的工作內容,常需要面對市場機制相當殘酷的考驗。

1. **獲利的責任**:就能力考量來說,雇主會希望工程師能透過發揮自己的能力與專長,為公司獲取最大利益;然而,工程師在投入職場後,其所表現出來的所學是否符合現實環境的需求,則有待市場考驗。這種為公司獲利責任的成效常直接反應在薪資所得:通常經驗豐富的工程師薪資較高。當然公司為能獲利,還是會給予新進員工應有之訓練;但就市場瞬息萬變與經濟效益的考量來說,公司卻不一定願意投入充裕的時間來等待一位工程師或專業人員的能力熟成。這種現實的矛盾容易因為公司企業面臨的競爭而惡化,而為能在短期內獲取更大的利潤,企業主及工程師可能透過風險較低的手段來拉升獲利的可能。此時,剽竊其他公司的創意或技術便成為其中一種選項。

2. **剽竊的疑慮**:透過仿冒的方式,逐步吸收重要廠商的經驗,爾後若建立自家品牌的產品,也可以因此減少錯誤設計或不當零件產生的額外損失。從獲利角度來說,剽竊不失為一個階段性過渡且投機的辦法。此類方式在代工的公司企業中容易被發現。透過代工過程,有心的企業行號得以逐步掌握一項產品的製程技術;輔以行銷管道,代工者也可成搖身一變成為新的品牌。就原廠角度來說,自家品牌受到仿冒無非是最為惡劣的狀況之一。但就正在起步的企業來說,以類似外型吸引消費者似乎是在惡劣市場中求取生存的謀生之道——雖然這種獲利會衍生出商譽問題,以及因智慧產財權官司所造成的額外損失;但為能在廣大市場中獲利,剽竊事件的爭議實際上以相當高的頻率出現在科技產業中。以中國大陸汽車市場為例,2014 年年底,中國大陸的陸風汽車推出 X7,卻被認為與 Land Rover 的休旅車 Evoque 外型極為相似。除了 X7 以外,江淮汽車於 2014 年 4 月在北京車展推出的瑞風 A6 轎車,據說也剽竊德國奧迪 A6 車型。

剽竊到底是不是讓公司企業生存下去的好方法?業界聲音紛雜。就短期來說,剛起步,或是剛由代工轉型的公司企業,若不透過這種方式減低風險與減少開銷,恐怕很難生存下去。台灣有不少大型公司企業在草創與轉型期間均以

此方式為基礎，開創新的格局。但就長期來看，只靠剽竊卻又難以建立品牌的核心價值。科技與工程強調技術突破和創意開發，僅僅跟隨流行的趨勢最終仍無法留存在競爭激烈的市場上。雖有兩方不同態度與觀點，但基於公司企業以獲利為主要目標之一，剽竊的現象應該還是難以避免會時常出現於業界。

二 重要資訊的問題

產品製程帶來的問題是：其產出過程所帶有的重要資訊。工程師與科技人員基於工作或業務的需求，容易直接接觸產品生成過程中的重要資訊：包含設計、原料、技術等重要因素。這些資訊有些具有高度機密性質，可能影響產品品質或帶有獨家專門技術。

（一）機密資訊的問題

機密資訊對公司極為重要，不論公司如何保密，總有人儘可能希望獲取。這種狀況不論在商業、科技業與工程業均屬相同。為此，從法律開始，機密資訊就受到若干規範。

1. **法律的保障**：台灣在 1996 年年初公布《營業秘密法》，使台灣成為繼瑞典後全世界第二個就營業秘密單獨立法的國家。特別在高科技產業發達的狀況下，許多重要資訊本身作為營業秘密，其影響不只單一個人，甚至可能影響一間巨型公司的營業政策或經營方針，所以公司企業無不盡力防範此類訊息外洩。以可口可樂（Coca-Cola）為例，為保存其秘密配方，其保密措施極為嚴密：根據媒體報導，配方保存在銅牆鐵壁的金庫內，並設有掌紋識別系統門禁及密碼。為避免因專業註冊導致配方公開，可口可樂甚至沒有為自己的配方註冊，透過逆向操作手法保障自身的業務機密。因此，為能進一步保障台灣的營業秘密，經濟部智慧財產局在 2013 年推出《營業秘密保護實務教戰手冊》作為實務操作之媒介，協助台灣廠商能有效防範營業秘密外洩的相關問題。

2. **業務機密的定義問題**：按《營業秘密法》第二條的規定，所謂的業務機密，在台灣法規中被認定包含方法、技術、製程、配方、程式、設計或其他可用於生產、銷售或經營之資訊；此外，還有三項特殊規範：

    (1)「非一般涉及該類資訊之人所知者。」意謂著即便是同一專業領域內的專業人士，也不一定知道的相關資訊。
    (2)「因其秘密性而具有實際或潛在之經濟價值者。」該項強調這份資訊能讓擁有的人直接獲利，或透過特定方式得到利潤。
    (3)「所有人已採取合理之保密措施者。」如果某項資訊已受到那些會與他接觸的人盡可能的保護，那就屬於營業秘密。

    《營業秘密保護實務教戰手冊》中針對此條提出解說強調，營業秘密本質上為一種資訊，但其內涵仍受到若干限制，因此法條中所規範的營業秘密包含「秘密性」、「經濟性」及「所有人已採取合理保密措施」三大條件。此三條件影響企業或商號保有之各項商業資訊與技術資訊，是否屬營業秘密而受保護之判斷與決定，關乎企業重大權益保障。[17]

3. **機密的洩漏問題**：此處預先提出業務機密，是因工程與科技業界所接觸之資訊往往非一般人可以（或容易）掌握。會使用智慧型手機是一件事，知道其運作原理是一件事，知道設計原理及運算模式又是另外一件事。對工程師與科技人員來說，這些業務相關資訊，就是平日生活環境內的一部分，且工作時已實際運用與操作，所以嚴格意義下的業務機密對其而言常如同一般資訊；這容易讓工程師或科技人員掉以輕心，言談間透露出本來應該保守秘密的相關資訊，不小心即被透露出來。

    有時機密的洩露可能是逆向操作的廣告行銷。例如：蘋果（Apple）的iPhone手機系列，曾經因工程師將新款未上市手機遺留在酒吧，致使新手機於媒體上曝光。有部分廣告公關公司認為是增加曝光率與進行公關行銷的手法，雖然事後證實，蘋果工程師遺失手機確為貪杯造成的結果。扣除此類可能的公關行銷手法，工程師對於公司業務機密的保守有其重要責任義務。因為業務機密範圍廣大，所以只要涉及到營業秘密範圍的，都可能具有洩密的危險。

---

[17] 經濟部智慧財產局，《營業秘密保護實務教戰手冊》，頁 2-4。

除上述狀況，另一種業務秘密洩漏被認定與研究人員有關。即便是研發中的技術，原則上也屬業務秘密之一。[18] 業務秘密的概念與員工忠誠度有密切關係，為此忠誠的概念變得額外重要。一般公司都會希望自己的員工具有忠誠度。一個員工被認為是忠誠的條件，通常包含他對公司的態度、遇到困難時的付出等等。就實際的工作來看，也包含拒絕跳槽與高薪挖角的誘惑。關於忠誠問題，我們將在後文進行討論。

（二）收受賄賂

從業務機密衍生出來的問題包括賄賂。為能獲取重要資訊藉以擊敗對手，獲得對方公司相關資訊至關重要。但是如何取得？透過合法方式費時費工且不一定有效。為此，賄賂這種不合法的方式就被提出使用。

1. **賄賂的形式**：為什麼要賄賂？就取得機密的角度來說，若能直接得到機密內容，特別是對出產類似產品的公司來說，或許能夠讓研發之路少走一段。為能獲取這些內容，以不正當的方式獲取就成為可被理解的方式之一。能取得對手的重要機密，才有機會超過競爭同業。

    除取得對手機密外，賄賂有時可能是為保存我方機密的逆向行為，或者是獲取我方在工程上優勢的預先手段。前者容易出現在工程驗收的階段：為確保我方特定工程或施工內容不被外界得知（特別是偷工減料這種負面的機密業務），公司企業以賄賂方式讓驗收人員接受並同意施工結果。前者如2012年爆發的核四驗收弊案，就是驗收人員為廠商護航，讓廠商以不符防輻射規格的低價次級品取代原本規格內防輻射的要求品項。而後者可以2014年年底，美國爆發法商阿爾斯通（Alstom）長期賄賂的事件為例證，他們長期賄賂的目的在取得投資地國營事業的電廠和運輸計畫合約，確保公司企業在投資地的優勢。

    不過提到賄賂，一般容易認定透過金錢交易的方式。然而，現在對賄賂的討論已與過往略有不同：不是單純以金錢交付為主，而是透過對價及利益關係的考慮認定有無賄賂事實。我們注意到最近幾年，除了金錢賄賂的金額

---

[18] 《營業秘密法》第三條：「受雇人於職務上研究或開發之營業秘密，歸雇用人所有。但契約另有約定者，從其約定。受雇人於非職務上研究或開發之營業秘密，歸受雇人所有。但其營業秘密係利用雇用人之資源或經驗者，雇用人得於支付合理報酬後，於該事業使用其營業秘密。」

外,很容易出現「對價關係」這個名詞。「對價關係」用於刑法賄賂罪「職務上行為」的「相對給付」關係,指的是可滿足行賄方不法利益,或是構成「賄賂」的物或可滿足慾望的不法利益。[19] 換言之,法律判決上認定的賄賂不只有金錢,而是指賄賂雙方所約定好的不當利益交換。

2. **為什麼反對賄賂**?一般人談起賄賂,總帶有負面評價。為什麼我們對於賄賂這種行為產生反感?難道我們不能認為賄賂也是一種透過交易方式取得所需物品的行為嗎?我們或許可以給出兩個理由反對賄賂:

(1) 賄賂是一種不正義的行為:賄賂本身雖有交易關係,但交易雙方的目的與手段卻受到質疑,其行為也被認為是不正義的。對於正義的概念,雖然大多數人處在正義相對的立場(也就是每個人認為的正義會隨著場合與時間的差別而與他人不同),但大部分人都同意透過賄賂獲取某物等於是一種不勞而獲的行為。雖然就自由市場的競爭來說,獲利的結果是每間公司都追求的目標,但自由市場還是遵守著一定機制。這些機制可能包括創意、努力、投資及機會的把握等等要素。透過賄賂獲得的結果無異於跳過上述的必要機制,故被認定為不正義。

(2) 賄賂會破壞市場機制:上一段所提市場機制建立在互信的基礎上。我們願意相信,某間公司或企業能夠成功是因為他們付出極大的努力,賄賂容易造成這種努力與互信基礎的瓦解。我們可以這樣設想:當大部分公司都採取某種不符合市場機制的方式進行他們的設計與產出,這個市場就面對了機制無法維繫的局面。以中國大陸市場為例,在竊取或剽竊商業機密風行的狀況下,即便不是每間廠商都如此進行,卻也讓中國大陸市場蒙上一層陰影。換言之,賄賂這種被認為不屬於一般合理範圍使用的手法,有可能破壞整個市場機制所依賴的信任與忠誠。

正因為業務機密是如此重要,所以許多企業公司想盡辦法隱藏。但是,現代商業環境涉及到上櫃與上市公司的問題,一旦公司是上市公司,其重要信息就有公告周知的必要性。這就引發出下一個議題:重要信息應該公告到什麼程度?

---

[19] 方承志,〈報酬與對價關係的區別〉,該文刊載於台灣法律網網頁上。該作者有一篇文章〈賄賂與餽贈之關係〉刊載於台北市政府網頁上,亦可供做參考。

（三）信息披露的可能

許多科技或是工程建設公司同時也是（大型）股票上櫃公司。與前面所提機密資訊相似，科技或工程建設公司在營運上存在特定的重要資訊。雖然法律上規範公司行號可以對所擁有的業務機密採取特定保護，但作為上市公司，就必須在法律規範下公開公司內部重要的相關信息。一間大型企業或公司應如何公告其重要信息？

1. **信息公告的倫理原則**：按照理查・喬治（Richard T. George）的分析，一間公司在披露信息時至少要符合兩個倫理原則：(1) 必須使每個從事公平交易的人都有獲得所需信息的權利；(2) 若有某項行為可能造成嚴重或不利的影響時，每個人都有權瞭解相關狀況。[20] 這樣的原則意謂公平交易的重要，因為信息披露在法律規範下包含自願披露者與接受信息者，披露的一方如果公布虛假信息會造成接受方判斷的困難。

2. **信息公告的實際操作**：信息的公布按照法律來說是必須的。但接下來卻衍生出三個問題，第一個問題：應該向誰揭露？第二個問題：公布的信息內容應包括哪些部分？最後，應該採取何種形式公布？上述第一與第二個問題彼此相關，不同的利害關係對象所需要的信息有所不同。一間公司的董事會有必要向股東報告重要的信息，特別像是獲利多少這樣的信息必定極為重要；但對於這間公司的員工來說，獲利與否關係到的不只是單純獲利，還包括員工與家庭的生計問題。對於消費者或使用者來說，公布的信息或許需要包括產品安全問題——但在部分科技產業來說，此點卻窒礙難行，因為可能涉及到專業實驗與一般常識的落差。

雖然公司需要公布重要信息，但對社會大眾來說，實際的影響卻比信息的公布來得更為複雜。例如：國光石化計畫在彰濱工業區建立煉油廠，其公布的信息雖然儘可能完整（資料超過上百頁），但對社會大眾的影響應該如何評估卻顯得困難；尤其當我們問這裡所謂「對社會大眾的影響」，究竟範圍有多大？信息的樣本設定就會明顯困難重重。如果單純談因煉油廠之汙染產生的病變，或許可以把「社會大眾」範圍單純限制在彰化，或是更精準限制在彰濱工業區所在的地區；但如果討論的議題是中華白海豚這種瀕臨絕種

---

[20] 喬治著，李布譯，《經濟倫理學》，台北：輔仁大學出版社，2004.7，頁 340-1。

的保育類動物，那麼「社會大眾」的概念範圍可能擴及全台灣（甚至全世界）。

從國光石化的例子衍生出上述第三個問題：公布時應該採取如何的具體形式？公布的時間應該每季一次或每年一次？公布方式應以財報或是口頭彙整？是否應該召開記者會？這些問題影響接受者在資訊接收上的考量。一間公司企業的董事會應向股東報告未來獲利的可能，卻並非意謂董事會必須將所有的資訊都告知股東。

信息的透露另外涉及到專業領域內的保密問題。科技公司設在境外的工廠產生汙染，是否應該向當地居民揭露？若公司企業自身獲利不足時，是否應該誠實告知投資人？雖然我們對於後者採取肯定，因為獲利對投資人來說是必須且重要判斷的依據；但我們對於前者卻可能產生遲疑。這個問題又回歸信息公布的基本面：何者是重要的？我們又應該如何界定機密資訊的界線？畢竟信息公布的內容與機密資訊可能僅是一線之隔。

三 網路與操作的爭議

工程師與科技人員於職場中，對電腦及網路越來越依賴，為工程或科技專門設計的程式也不斷出現。這些軟、硬體的出現雖然讓工程師與科技人員在工作上更為方便，卻也引發額外的問題。

（一）網路使用權利與監控

業務機密的存在，加上現代化辦公室的作業網路化，促使工程或科技業界出現新問題：網路使用權力與監控問題。

現代化的辦公設施，網路已成為主要的工作媒介。隨著通訊軟體的發達，上網時間增加，一些因在辦公室工作時間內使用軟體或網路所產生的問題逐漸增加。這些因網路發達而產生的問題包括：

1. **使用軟體的版權問題**：職場透過電腦與網路進行工作時，直接遇到的問題是電腦中的軟體是否有侵權疑慮？辦公室既然為公領域，且公司存在的目的就是營利，那麼使用非授權軟體是否合理？此外，受雇者雖然可依據自身需求

使用電腦及網路，但若受雇者使用非授權軟體時是否合理？受雇者若是違背公司要求，於電腦中安裝相關軟體可否被接受？正因為軟體使用的問題，引發出下一個公私領域界線的問題。

2. **上網使用通訊軟體的疑慮**：上班時間屬於公領域的時間，雇主自然期望雇員能妥善使用時間盡職場義務，為公司組織獲取最大利益。當通訊軟體發達且智慧型手機普及後，許多公私領域時間的界線也逐漸模糊。以臉書（Facebook）為例，臉書普及後產生許多前人未曾想到的問題。臉書開始普及時，有員工因瀏覽訊息以致耽誤工作；爾後附屬遊戲開心農場出現則因員工群體參與耽誤正事，甚至因為「偷拔他人蔬菜」的遊戲行為引發爭議；近來則是臉書訊息為某些公司徵選新人時的參考，以致人力銀行對臉書使用者提出若干建言。從此點引發出下一個問題。

3. **網路使用及管理的權力與資訊所有權的問題**：當受雇者使用職場所提供的網路與電腦時，在其上所輸入資料的所有權屬於誰的？如果與職場工作相關者，毋庸置疑屬於公司所有。但若是輸入資料為私領域資料，那麼資料應該屬於誰？確實我們會質疑，為何受雇者會使用公家器材輸入私人資訊？但該設施既然讓受雇者使用，那麼受雇者應該有若干權利可以支配及使用。如果是這樣，公司可不可以監視公司網路內的資訊流通？這雖然涉及到隱私權，公司行號卻也有權利主張並主動確保公共資產未被使用在不當地方。

上述第三點部分引發爭論。大型企業可以在員工到職時於合約或面談明確指出公司 IT 部門對員工電腦使用的監控，但是監控範圍可以多廣？可以監控連結網站的網址嗎？或監控通訊軟體的內容嗎？電子郵件內容是否也可以監控？一間公司可以宣稱他們有權利監控員工郵件內容以確保機密資料沒有外洩，但信件的其他私人信息部分也適用嗎？這個問題目前相較下沒有受到明確規範，唯一的共識僅有在連結至色情網站，或是將公司機密資訊任意傳遞時，才會獲得認定監控與舉發的合理性。但此類問題似乎成為「雞生蛋，還是蛋生雞」的問題，所以目前大部分的作法還是朝向一般共識的方向加以處理。

（二）網路信息的困難

除了軟體使用上的疑慮，問題還包括網路上信息交換與取得。這些問題相同讓電腦與網路的使用產生疑慮或爭議。

1. **保密問題**：網路屬於開放空間，任何人均可以匿名或假名方式搜尋或刊登任何相關訊息。基於其開放狀態，就使得保密問題出現漏洞。

    最容易發生的網路洩密之一，是當事人因不注意而張貼本屬公司機密的文件或資料。大部分工程師與科技人員都知道這種狀況可能發生，所以多加留意即可防範。真正造成保密問題的包含兩種狀況：駭客入侵與惡意程式。

    (1) 駭客入侵：一般來說，駭客（hacker）被認為是具有高超技巧，但不遵守特定隱私規範的電腦高手，他們透過特定技巧進入本來無權進入的區域。有的駭客單純只想展現自己的實力，或是基於某種愛國情操而對特定對象進行癱瘓攻擊。例如：廣大興號漁船事件後，台灣駭客入侵至少2,000個菲律賓政府網站，甚至攻破其DNS。但是，有部分極端駭客透過電腦網路的入侵獲取重要資訊，包含個人隱私或是國家重要軍情等。對於駭客入侵，雖然不少商用防毒軟體強調能加以杜絕，但實際上成效還是有限。除非建構完全封閉的網路系統，否則駭客入侵將一直是網路資安的重要問題。駭客的問題引發隱私的考慮：我們固然可以對個人隱私進行倫理辯護（我不希望別人知道我的某件事），甚至在法律上我國的個資法也明定個資的竊取已經是被認定的犯罪行為；但是如果被竊取乃至公布的資訊，是如前面提到的公司重要信息呢？此外，如果駭客的入侵，乃至公開前述資料，其目的是為勒索，或是更改與竊取個資時，這種以信息公布及公開的理由是否還能站得住腳？

    (2) 惡意程式：有時因為工程師或科技人員進入特定網站，或下載部分軟體而使得惡意程式（包含病毒在內）進入公司電腦主機。這些惡意程式會被稱為「惡意」至少有幾個原因，包括未經允許使用或傳送個人資料。我們容易傾向認定，電腦內的資料都屬於個人，未經允許不應該被任意傳遞。而這些惡意程式的存在成為對隱密資料保護的對抗，嚴重的惡意程式甚至可能破壞硬體，致使電腦報廢，這種問題因為智慧型手機與平板的使用變得更為複雜。例如：2014年爆出小米手機會將使用者個資傳送回中國北京總部，引發國人對惡意程式有了進一步的思考與反省。

2. **網路信息的信任問題**：網路信息可被信任嗎？網路上揭露的信息又如何能被確定真假？當台灣社會文化傾向於以簡易方式呈現特定價值或資訊內容時，網路上搜尋資訊就不再能被直接使用，而需要加以求證。這是因為網路文化

開放性與普遍性，所有資訊在未經證實的狀況下，均被放置其上供人參閱的結果。這些信息彼此矛盾，也可能互相攻擊，並且複雜及混亂。

我們可以網路懶人包（For dymmies）為例。「網路懶人包」常指沒時間精力的懶人也能參閱的封包，特別是網路上有人熱心地將事件整理成簡要、完整的說明，以利於任何人快速瞭解。懶人包的主題與資訊包羅萬象，不少與科技議題有關。其製作屬於簡單的電腦文書工作，技術上並不複雜，並且將龐雜的資料整理至「帶有主觀意味的」去蕪存菁。懶人包整理資訊的訴求明確，卻也無法避免過程中將多少包含了特定價值取向及行為導向，畢竟懶人包裡不論篇幅、主題、圖片與文字等的呈現，均受到製作者的理解與意圖所影響。特別是懶人包可說是作者主觀選取資料所製成的成品，並且是為使用者要在極短閱讀時間內閱讀的產物，因此文字符號取向更為強烈與具有主觀性。[21] 使用者參閱時必須思考，這些被使用的資訊究竟有多少可信度？

懶人包作為網路信息的極端，目的在於說明網路信息可能存在的不受信任問題。因為網路信息已與過往傳統資訊傳遞的方式有所出入。網路信息的受信賴問題，接下去引發出關於電腦或網路的受信賴問題。

四　我們能相信我們的系統嗎？

（一）Therac 25 事件

工程與科技倫理在電腦軟體和系統探討的部分，最常被提到的案例之一是 Therac 25 事件。[22] Therac 25 是一種由加拿大原子工程公司（Atomic Energy of Canada Limited，簡稱 AECL）所生產的放射治療機器。該機器屬於 Therac 系列儀器的其中一款，是由 AECL 和法國 CGL 公司聯合製造的醫用高能電子線性加速器，主要目的在於殺死病變組織癌細胞。Therac 25 能處理更深層的病變，並讓

---

[21] 黃鼎元，〈公民價值的符號性與偏執：以網路懶人包為例〉，2014 公民素養與通識教育國際學術研討會，2014.11。

[22] 因為 Therac 25 事件時間較久，內容較為複雜，且已經與一般人容易接觸的醫療領域有較遠的距離，所以相關資料並不多。關於 Therac 25 的說明，《維基百科》英文版〈Therac 25〉詞條提供豐富資訊。另參 Nancy Leveson, 'Medical Devices: The Therac 25'，網址：http://goo.gl/5fyG9w。她的另外一篇論文 'An Investigation of the Therac-25 Accidents' 也相當有參考價值。另見弗德曼著，張一岑等譯，《工程倫理》，台北：全華圖書，2013，頁 7-13 至 7-16。

治療時間縮短。該款機器一共售出 11 部，其中 5 部在美國，6 部在加拿大。

　　Therac 25 的操作過程如下：首先，醫療人員協助讓病患安置在治療枱上；待醫療人員確定治療現場數據後旋轉治療枱，並設定機器的各種附件；爾後醫療人員在控制台上輸入各種數據；當數據設定完成後，螢幕上顯示出 Verified 字樣，便可開始進行治療。過程中，醫療人員透過外部監看裝置觀察病人狀況。若病患可能產生不適，或治療過程產生異常，按照設計，醫療人員可以採取懸掛或暫停的方式終止醫療程序。但是，除了醫療人員主動的暫停外，Therac 25 每天概略發生將近 40 次左右的錯誤。這些錯誤被認定是系統錯誤信息，包含 Malfunction 47、VTILT 等出現螢幕的字樣。由於出現次數頻繁，大部分醫療人員習以為常，並未特別注重。

　　雖然獲得治療上的成功，Therac 25 從 1985 年至 1987 年卻發生六次放射劑量大規模超標的嚴重事故，導致病患不是過世就是嚴重受傷必須截肢。連續事件致使 1987 年 Therac 25 系列所有機器均被召回檢修。六次意外的發生，包含機器無預警停機、面板上呈現操作手冊沒有登錄的錯誤信息等問題。即便醫療人員停止操作，並歸零重新開始，錯誤仍不斷重複出現。

　　事件發生後，美國食品藥物管制局（Food and Drug Administration，簡稱 FDA）要求 AECL 對 Therac 25 進行調查。但調查本身存在困難，因為從放射治療在美國被使用開始，此類技術從未發生過重大事故，不論政府單位、醫療院所以及製造廠商也幾乎未曾想過這類意外會發生。一開始，AECL 懷疑可能是旋轉台固定位置微開關的瞬時故障引發，但無法驗證。1986 年的事故後，AECL 與醫療人員發現，問題來自於機器的軟體控制系統。Therac 25 的控制軟體沿用 AECL 之前開發 Therac 6 及 Therac 20 的主要控制系統。該控制系統包含：數據儲存、中斷處理系統（即安全控制）、醫療程序任務處理以及非關鍵任務的處理。根據這四個部分，Therac 25 在軟體控制上首先會制定醫療程序（包含任務優先順序），並確認無需要同步運行的工作。由於該軟體在制定順序上會為了治療程序進行任務制定循環，所以若一個對儀器熟悉的操作人員操作速度越來越快，錯誤信息就會因軟體無法負載而突然出現。AECL 的工程師本來不接受這種結論，直到他們在現場看到操作人員以極快速度造成錯誤信息出現後才願意相信，但此時輻射劑量已比正常操作高出將近 140 倍。

　　Therac 25 事件直到 1980 年代末期才找到明確的原因：系統和軟體的安全

性設計方面存在嚴重問題。故障的原因並非僅是一般的軟體錯誤，而是系統總體安全設計的問題。AECL公司事後受到強烈指責。首先，該公司沒有足夠資料進行軟體代碼確認，也沒有為Therac 25建立起技術上具可靠性的風險管理。事實上，研發過程中AECL似乎沒有考慮到軟體可能會發生錯誤，只考慮硬體可能出現的故障。因此，AECL在使用手冊上並未列舉錯誤代碼的相關資料。AECL在製造上也過度自信，例如該系統在醫院完成組裝前，AECL並未對軟硬體間的配合度進行測試；特別是他們的工程師們過度自負，所以在事故發生時並不相信來自醫療院所實務中產生的問題。

美國安全性工程專家列維森（Leveson）對事故提出總結，認為該事件的發生可以帶給我們諸多提示：首先，任何事故的發生很少是單純的，而是包含許多不同層面。我們可以單純指出這個事件是人為錯誤，是因為AECL在軟體設計上的瑕疵。但事實上，這些問題中的每一個部分若在發生前或發生中能被注意到，後續事故就可以被避免。就複雜系統的角度來看，管理單位缺乏實際操作的相關紀錄，雖然使用者與廠商對軟體具有信心，但工程師與操作人員自身能力卻又不足，多方缺失的結果造成事故的發生。

該事故可以讓我們反省電腦與軟體在使用上的被信賴程度。一般來說，我們對於軟體始終抱持一定信心，並且相信軟體在執行上不會發生意外。雖然軟體看上去比硬體更為保險（因為硬體可能在使用中毀損或故障），但由Therac 25的案例可以得知，軟體的問題比硬體更難被發現。從這個事件更能瞭解到，聯鎖（interlock）機制在整體系統中扮演的重要：機器設計上不能因為單一系統的錯誤造成整個複雜系統災難性的毀滅。這也顯示出，任何公司應該透過核查的機制嘗試發現自身產品的種種可能問題。軟體工程的問題在此也被提醒：該儀器的軟體因為是沿用系列機器的主軟體，所以許多新機台設計的原則都遭到忽視，特別是如何對錯誤信息正確回應，或軟體應該與硬體一起被設計之類的概念。這導致系統本身會因為錯誤輸入產生當機結果，甚至造成系統內部的互相矛盾。

Therac 25讓我們看見，我們對電腦不論硬體或軟體的操作，最終回歸到信任的問題：我們真的能相信這些系統嗎？現代電腦不論硬體或軟體科技因發展極為進步，所以許多透過科技發展出來的軟體取代了過往必須依靠人力才能完成的工作。例如：航空業依賴更多的模擬器來幫助飛行員模擬飛行過程以降低

風險;部分軍事武器也採取類似方式來降低實際操作的危險。我們必須相信這些模擬系統對實際狀況的模擬,才能讓經過模擬器的操作者駕駛實際的載具。但是,如果模擬系統在設定上有問題呢?如果是實驗模擬的數據產生變異?電腦與軟體的問題,讓我們必須重新思考我們對電腦的過度依賴。

(二)電腦與網路衍生的健康問題

上述種種問題最終回歸到的是使用者本身。由於操作上的必要性,工程師與科技人員可能長時間使用電腦進行特定工作。但是,因為長時間使用電腦,導致科技人員容易患有因電腦引發的特定職業傷害。現代醫學習慣上通稱這些傷害為電腦視覺綜合症(或是 VDT 症候群、電腦終端機症候群)。這種疾病的產生包含三種主要症狀:首先是眼睛的部分,包含乾澀、流淚或是視力模糊;其次是特定關節與肌肉的傷害,特別是手腕、肩膀與脖子的痠痛,在現代特別是腕隧道症候群出現於使用鍵盤與滑鼠的操作者身上;第三則是精神方面的壓力呈現。

這些因電腦與網路衍生的健康問題在工程師和科技人員身上相當明顯,有些人出現幽靈震動症候群或是網路依存症之類的症狀。雖然我們可以認定這些屬於職業傷害,但事實上在認定與賠償方面仍然不易。這些職業傷害在發生後有些也不容易被治療、痊癒。因此,電腦與網路產生的健康問題現在也逐漸成為醫學關注的焦點。

五 離職與忠誠?

工程師或科技人員可能基於生涯規劃或更好的前途而轉換公司。但是,由於工程師及科技人員接觸的資料多屬機敏資料或技術,所以離職或轉換公司相較起來比其他行業需要更多的思考。

(一)忠誠的問題

我們會希望一位工程師或科技人員能夠對公司展現忠誠,雖然「展現忠誠」這個概念本身就很抽象。過往在三八制的概念下,正常工作時間應該是八小時。就現實考量來看,有些工作準時完成確有困難,所以加班有其必要。但

是加班費應該怎麼計算？若加班時間過長，是否又代表該份工作事務過重？除了加班的問題以外，當受雇者下班後，遇到公務相關事情可以置之不理嗎？隨著通訊軟體的發達，下班後自己的時間隨時可能因為通訊軟體而打斷，雖然外國已有明顯判例要求雇主不可於下班時間以通訊軟體與受雇員工進行公務相關活動，但這樣的要求在台灣是否真能實行？

忠誠問題同樣出現在工程師與他的團隊內。一個工程師（或團隊中的任何一個人員）同屬整體中之一份子，但是整個公司都認同的正確是否就符合個人對自己職責的專業要求？如果一間公司主張，前輩欺負後進是正確的，這就能證明任何一位資深主管都可以用各種言詞辱罵新進員工嗎？馬丁與施辛格提出下列四個標準，藉此說明一個符合倫理組織氛圍應該具有的特徵：[23]

1. 倫理價值及其複雜性已為所有員工所認知且同意，其責任也由公司所有（廣義）組成份子認可。
2. 倫理語言的使用已內化為該公司整體對話的一部分，甚至連工作說明書中明確加入倫理責任的敘述問題。
3. 高階管理者透過特定方式建立道德風格，並適當具體進行特定倫理行為，不論這個行為是對全公司、特定員工或社會大眾。
4. 對發生衝突時能夠提出適當的處理程序。

上述第三點在台灣許多的大型企業都可以看見。這些企業往往透過兩種方式表現出其倫理性質：創辦人或董事長的個人期許，以及對社會大眾的實踐。以台積電為例，後者的表現在其呈現出的 CSR 上，而後者又是根據前者，即台積電董事長張忠謀所訂出的社會企業宣示上。

（二）跳槽與競業禁止

與忠誠概念立刻產生關聯性的，包括跳槽的問題。工程師或科技人員準備離職並轉入新公司，或許他是被挖角而跳槽，也可能因私人因素換一間工作性質類似甚至相同的公司。我們希望一個員工對公司是忠誠的，所以容易認定跳槽是一種不忠誠的行為。但是基於個人私人的考量、對未來的規劃，甚至是希望得到薪水職位的調升，有時候被人挖角對當事人而言也是一種能力的肯定。

---

[23] 馬丁、施辛格著，何財能等譯，《工程倫理》（台北：美商麥格羅希爾公司），2011，頁184。

1. **離職的限制問題**：一個工程師或科技人員可能基於生涯規劃，或是對公司不滿而決定離開原本的工作，他或許會根據經驗、薪資條件、未來發展性與個人興趣問題決定未來方向。然而，任何一間公司總有一些不能或不願為人知的秘密；當工程師決定離開，接下來的問題是：他能帶走什麼？有什麼是不能在下一間公司繼續使用的？

   一般來說，工程師所接觸的部分資料明顯基於行業特性而有所忌諱。廣泛來看，與客戶相關的所有資料、公司內部的機密文件（包含設計圖、測試結果、損益表等等）原則上不能以任何形式帶走。但其困難在於：「任何形式」是否包含離職員工的技術或當事人這些年來受公司栽培所提升的能力？如果是在公司建立起的人脈呢？若是原公司部分產品的設計原理，或是技術創新中某些部分為該離職員工所開發的，又該怎麼區分？

   有的公司傾向於透過「競業禁止」（Non-competition）的方式限制員工離職後的權利義務。競業禁止是指企業單位員工在離職後一定時間內不得從事與本企業相競爭工作的一種法律制度。台灣在執行上還可再區分為「法定競業禁止」和「約定競業禁止」兩種。[24] 提出競業禁止，主要是希望保障原公司在權利上應被保護的機密或是應該獲得的利益。員工的離職若是帶走公司重要的機密資料，恐怕會影響公司未來獲利的表現。

2. **界定的問題**：進一步思考，離職員工究竟能帶走哪些「東西」？明顯地，在公司組織層級相對低階的員工，受到的限制自然較少。所以清潔人員、保全人員這些較不容易接觸公司機敏資料的員工，受到的限制應該就比經理級的員工少很多。其次，當一個屬於經理級以上，或任何能夠自由接觸機敏資料的員工要離職且將攜帶某些資料離職時，我們應該考慮：

   (1) 某份資料是重要資料時，其重要程度到底如何？這份重要資料提供給其他公司後，會造成原公司多大的損失？損失越大，自然越重要也越不能帶走。

   (2) 這份資料在原公司內的持有比例如何劃分？如果這裡的「資料」意謂著員工自己的能力，那麼隨著員工離職，這份所謂的「資料」也會跟著員工離開。但若該資料或設計是源於使用公司資源而產生的，通常會希望他離開後不再使用，或是在一段時間內禁止他使用這些資料。

---

[24] 參網址：http://wiki.mbalib.com/zh-tw/競業禁止。

(3) 這份資料是否涉及到社會責任與道德問題？若是明顯涉及廣大社會的權益，則社會全體對於這份資料應該具有知的權力。

　　這些界定雖然是可行的，但執行上卻極為困難。因為就實際操作來說，我們難以逐項檢查一位離職員工所帶走的事物。除非日後這位員工明確違反競業禁止條款，並且我方能明確證實其違反的行為確實造成損失與傷害，否則概略上還是僅能以道德勸說方式阻止。

　　近幾年台灣的著名案例之一，是2013年台灣手機宏達電（HTC）的洩密案。其高階主管欲離開HTC自立門戶，卻帶走甚至洩露HTC重要資訊，包括：2014年手機操作介面：全新SENSE 6.0圖形介面，資訊中也包括HTC的銷售數據。此外，該高階主管也挖角原公司人才。為此，HTC提告並採取法律途徑。由此可知，高階主管的離職對原公司產生多麼重大的影響。

　　另一個例子則來自台積電。2009年台積電一位高階主管離職後，前往台積電對手三星（Samsung）集團所贊助的成均館大學任教，並在競業禁止期限過後任職三星集團的晶圓代工部門技術長。台積電因此提出訴訟，禁止該高階主管在2015年年底前到三星集團服務，並獲得官司勝訴。即便如此，外界仍認為台積電雖然贏了官司，卻還是受到該主管洩密的影響，導致獲利減少。這個例證也可說明，人才與資訊的保護對公司企業來說相同重要。

六　是檢舉還是抓耙仔？

　　當工程師或科技人員面對公司內部有重要疏失卻遭到施壓被迫隱匿不報時，他們可以選擇另一種處理方法：檢舉。一般來說，檢舉可依據管道屬於公司內部或外部，而區分為「內部檢舉」與「對外檢舉」，也可以依據人數多少區分為「非個人檢舉」或「個人檢舉」。不論哪一種，檢舉行為均是透過特定方式向特定對象提出公司疏失的說明，期使更高力量能夠介入其中，導正疏失。例如：若是向公共機關提出相關的舉發，則是期能經由公權力的介入，透過法律進行對公司疏失的導正與制裁。

（一）檢舉的困難

檢舉的困難不只在於蒐證問題，更在於此行為本身的困難。由於戲劇與媒體渲染，在許多時候，「檢舉行為」與「英雄行為」及「正義表現」之間常易被劃上等號，但事實上該類行為的結果並非總是如此。許多研究顯示，現實生活中提出檢舉者，容易受到被解約的對待。即便未被解約，往往也從此與升遷絕緣，這些檢舉者在公司內易受到排擠、報復及譴責的命運。與此相反，那些透過造成公司問題與危害的人，則因為能為公司帶來巨大利益而得到較多讚美、鼓勵與升遷機會。1998 年美國的菸草和解案（Tobacco Master Settlement Agreement）就可以看出上述狀況。CBS 新聞節目《60 分鐘》（*60 Minutes*）的製作人柏格曼（Lowell Bergman）在 1996 年邀請時任布朗菸草公司重要幹部的魏根德（Jeffrey Wigand）上節目接受訪，並揭露美國菸草公司在生產的香菸中增加令人成癮的成分。魏根德之後被解雇，甚至收到死亡威脅的信息──但魏根德的證詞極為重要，在菸草和解案中也具占有相當的份量。

上述檢舉的悖論是基於檢舉行為的不合理性。因為所謂的檢舉是指針對不合於道德觀點之行為所採取的反應，並對特定人士報告那些不正當行為的動作。[25] 所以當一個檢舉者提出檢舉時，至少必須符合以下三個條件：

1. 基於道德理由，營利性公司員工希望產品或操作上得以安全。
2. 員工能夠公布相關產品之錯誤，或危險的具體資訊。
3. 這些被公布的錯誤確實可能造成任何形式的傷害。

因為檢舉行為同時涉及公司與個人的利益，所以檢舉者必須思考：若他認定檢舉是對大眾產生利益，多少人可被稱為「大眾」？此外，因為檢舉會導致公司既得利益之損失，他也必須思考公司與個人間的利益何者為優先？這意謂著檢舉者不能為了報復進行檢舉行為──甚至連為了脫罪進行檢舉都是受到質疑的。正因為檢舉行為影響甚巨，所以能夠被認定為合理檢舉（而非胡亂爆料）的通常都具有特定程序。

（二）合於道德正義的檢舉程序

由於檢舉行為是一種超乎義務的不尋常舉動，所以基於上面所提到的要

---

[25] 喬治著，李布譯，《經濟倫理學》，台北：輔仁大學出版社，2004.7，頁 272。

求,理查・喬治建議檢舉應該符合五個可能的步驟,並透過這五個步驟以確保檢舉行為是正確的:[26]

1. 首先,檢舉者必須確認公司的產品或是政策,確實會造成公司員工或公眾嚴重與巨大的傷害,無論受害者是使用者還是旁觀者。如果能夠確認傷害的產生乃不可避免,檢舉行為才具有可被接受的合理動機。
2. 其次,檢舉需先向直屬上級報告,否則該行為非屬公正。此處強調,員工應該依循其所擁有的直接資源進行檢舉。按照公司組織的倫理概念,下屬有向直屬上司報告事務的責任,所以檢舉一開始應該在單位內提出檢舉。
3. 第三,若是直屬上司沒有積極反應,員工應盡一切可能循公司內部管道處理。此時越級上報的動作才屬合理——因為此時越級上報乃為不得已而為之行為。當員工進行上述三個步驟,公司仍然沒有任何改善,員工算是盡了對公司的道德義務,此時方能考慮對外檢舉的可能。
4. 第四,若員工要進行對外檢舉,他要先考慮有沒有足夠的證據向舉報對象提出證明?若沒有足夠證據,會使檢舉行為變成類似情感宣洩之行為。因為對於受檢舉的公司來說,受到檢舉後的處理與檢舉人的證據強力與否有關。這裡所說的「足夠」強調對檢舉行為的確實舉證。
5. 最後,員工必須對自己的檢舉行為負起全責,並確定有改善的可能。這能使檢舉行為符合該行為所具備之強制性,並使此行為非個人報復。

透過循序漸進的流程,一個檢舉行為可被眾人檢視,並可認定這個檢舉行為不是基於報復而提出,且具有實際道德意涵。雖然如此,上述步驟中仍然存在爭議,即越級上報的考慮。

(三)越級上報或對外舉發

從檢舉行為衍生出來越級上報的問題。一間完整的公司原則上會有合理的申訴管道,因此檢舉行為應能透過層級逐步向上。但是,提出檢舉者可能基於特殊需求,例如與高層的特別關係,或是認定自己直屬上級無法處理此類問題,所以不依循原本管道進行舉發。此時檢舉者或許越過本應逐層處理之程序,直接將問題向上反映,這就構成越級上報。

---

[26] 喬治著,李布譯,《經濟倫理學》,台北:輔仁大學出版社,2004.7,頁 278-286。

有些單位組織為能確保問題的受處理與被反應，會設立鼓勵越級上報的立即性處理方式（如：中華民國軍隊中設立的 1985 專線），但是越級上報就一般職場倫理來說並不值得鼓勵。前述關於檢舉行為的討論中，第一步是向直屬上司報告相關事務，此舉為個人應遵守之倫理規範的作為。在公司或體制內，若是直屬上司無法負擔應負之責（也就是被認定明顯失職），此時舉報人再向更高層級者舉報，才會被認為符合一般職場倫理的要求。部分狀況下，公司行號會有逆向的越級上報，也就是由高層直接與基層員工溝通而不經由其所屬單位主管（或僅讓單位主管列席）。此舉與前述越級上報的差別在於給予權力被賦予的不同。

　　除了越級上報外，另一個爭議問題是對外舉發。對外舉發與台灣的爆料概念相似卻不相同。嚴格的檢舉中，對外舉發指跳過公司內部的申訴管道，直接向公司外的單位（不論其性質為公家或私人）提出具有證據的檢舉行為。較常見的對外舉發是對公家有稽察力量的單位提出檢舉行為，例如：向勞動部檢舉工時過長或性別歧視等等。對外舉發之所以與爆料不同，原因在於我們認定的爆料即便具有足以證明的證據，卻不一定合理或具有道德性質。

　　台灣基於部分媒體亂象與爆料的濫權，在檢舉行為上從過往較具爭議的越級上報，到現在不依循既定體制任意向外舉發，此現象的發生與對媒體的錯誤認知有關。向媒體舉發並不意謂著一定有錯誤，因為國內外均有實證證明媒體第四權在監督力量上的展現。究竟在媒體上舉發是否合適，基本上是見仁見智的問題；特別是當舉發者與所屬公司之間的關係，常在媒體爆料中被逐漸塑造成挾怨報復的形象。為此，上述喬治所提的檢舉程序在此極具參考的價值：若已循體系內所有管道均無法得到改善，且有充分條件可以證實此一檢舉行為具有道德與合理，並能夠有足夠證明時，循媒體進行對外舉發可被認為具有合理性。

七　性別與就業平等

　　工程倫理領域越來越注重性別平等（或避免性別歧視），這與整體社會趨向於認定男女只有生理意義上的不同，而不具有理智差異的觀點有關。此問題在工程與科技領域容易受到過往父權社會或沙文主義既定印象的影響。女性在以男性為主導的工程科技領域中易因刻板印象（如：女性較不適合數理方面的工作）而產生因為性別導致的不正義。這樣的不正義易發生於下列兩部分：

（一）就業機會均等

就業平等的歧視不等於專業差異的問題。有些職缺，需要特定專業能力，或是因為工作環境與性質所以進行限制。例如：早年台鐵的火車司機員，基於社會風氣，所以司機員清一色以男性為主，甚至因為駕駛室的狹小而額外增加體型限制。就此條件來說，後者對體型限制並非就業不均等（因為受限於實際駕駛室的空間），但前者則明顯是因為社會風氣產生的性別歧視。然而隨著科技的進步，社會風氣開放加上駕駛室的人性化，現在女性司機員逐漸變多，前述的機會不均等狀況也逐日消弭。故此處所謂的因性別產生之就業不正義主要是指，進入職場的選擇、升遷時的機會，以及資源分配的決定，不因能力而因性別與家庭等相關條件加以論定的結果。

（二）職場內性別均等

除了就業平等外，進入到職場後也可能因性別因素產生一些區別。首先，就職後女性確實會因某些男性不具有之緣故得到額外假期，如生理假即為一例。此外，特別具有吸引力的女性在職場中也易成為男性目光焦點，連帶造成處置不平等的問題。

另一個問題是與性相關之資訊的流通。台灣的工程或科技界仍處男性占多數之局面，故有時女性需面對男性之間色情資訊的流通。色情資訊種類繁多，不限於圖片或影片，文字、訊息、廣告等表現女性身體以挑起慾望者均可歸屬於此。以黃色笑話為例，此類帶有性暗示或直接表明言詞的訊息，原則上若造成任何人的不悅，均可視為性騷擾的一種。這類資訊造成的不良工作環境為各國政府所禁止的。例如：2014 年 9 月加拿大就嚴禁機師飛行途中於駕駛艙內放映 A 片，否則將受到解職的處分。[27]

另外則是升遷問題。科技或工程專業領域因為女性易被貼上刻板標籤，故也易被認為不適任相關工作，遑論領導職位。許多領導職呈現出「透明天花板」，也就是該工作看的到卻無法升遷之狀態。此類狀態頗受批判。在科技業界內，女性的領導者雖非沒有，卻也不多見。而過往被認為是男人天下的部分工作，特別像是建築工地，女性的比例也明顯與其他工作相較下少了很多。這

---

[27] 見《自由時報》報導，網址：http://goo.gl/hWHcNM。

些情況雖然目前已經有所改善，但基於過往對性別的刻板印象與若干禁忌（例如：女性不能進入興建中的隧道，恐怕引發坍塌），性別平等仍是應該努力的目標。

與性別問題相關的是職場歧視：職場歧視包含前面所提及對性別與種族的歧視。此種歧視通常用來指工作中的機會不平等，如上述的「透明天花板」；有時則指在語言方面的故意騷擾，如：辦公室的黃色笑話；或是一些對能力否定，而只注重外貌的歧視性觀點。職場的平等機會包含著對性別以及種族的忽視──即不在乎其出身、人種、膚色及信仰，只看重工作能力的表現。這種歧視因涉及基本人權的尊嚴問題，在國外已經出現天價賠償金的實例，如2013年美林證券（Merrill Lynch）因為種族歧視的緣故，賠償1.6億美元給公司內非美國籍的員工。

（三）台灣現況

目前台灣在性別正義的部分，至少有《性別工作平等法》及〈行政院勞工委員會及所屬各機關工作場所性騷擾防治申訴及懲戒處理要點〉可做直接的法律保障。根據《性別工作平等法》第十二條規定，以下表現可謂性騷擾之行為：

1. 受僱者於執行職務時，任何人以性要求、具有性意味或性別歧視之言詞或行為，對其造成敵意性、脅迫性或冒犯性之工作環境，致侵犯或干擾其人格尊嚴、人身自由或影響其工作表現。
2. 雇主對受僱者或求職者為明示或暗示之性要求、具有性意味或性別歧視之言詞或行為，作為勞務契約成立、存續、變更或分發、配置、報酬、考績、陞遷、降調、獎懲等之交換條件。

上述條文為對與性別相關之工作權利的基本規範，若是違反則可被歸類於性騷擾之行為。但是就實際角度來看，雖然有《性別工作平等法》的保障，但大多數女性在遇到問題時還是會忍氣吞聲。這是因為現實考量：薪水、工作及就業市場狹小的問題。不過，近年來已經有越來越多人會為自己的權益發聲（不論男女），這也能看出台灣已朝向性別平等社會的理想邁進。

本章小結

　　本章討論焦點在於工程師個人的倫理抉擇。倫理的問題絕不是浮誇高調的言詞，而是必須具體落實在生活與工作內。上述討論議題，每天都真實發生在工作職場中。不過，不少我們習於處理人際問題的方式其實不能算是倫理抉擇，而是屬於經驗，甚至個人偏見。上述討論只提供基礎的原則，實際運作仍會基於不同環境有所落差。但這並不代表倫理是相對的，而是呈現出倫理在不同環境中的適應性。

　　本章所討論的只包括工程師個人的部分，接下來我們將進入比個人領域更大的範圍：工程師的產品與工作，以及這些產品工作對社會大眾安全會有什麼樣的影響。

第陸章

風險控管與工程的安全

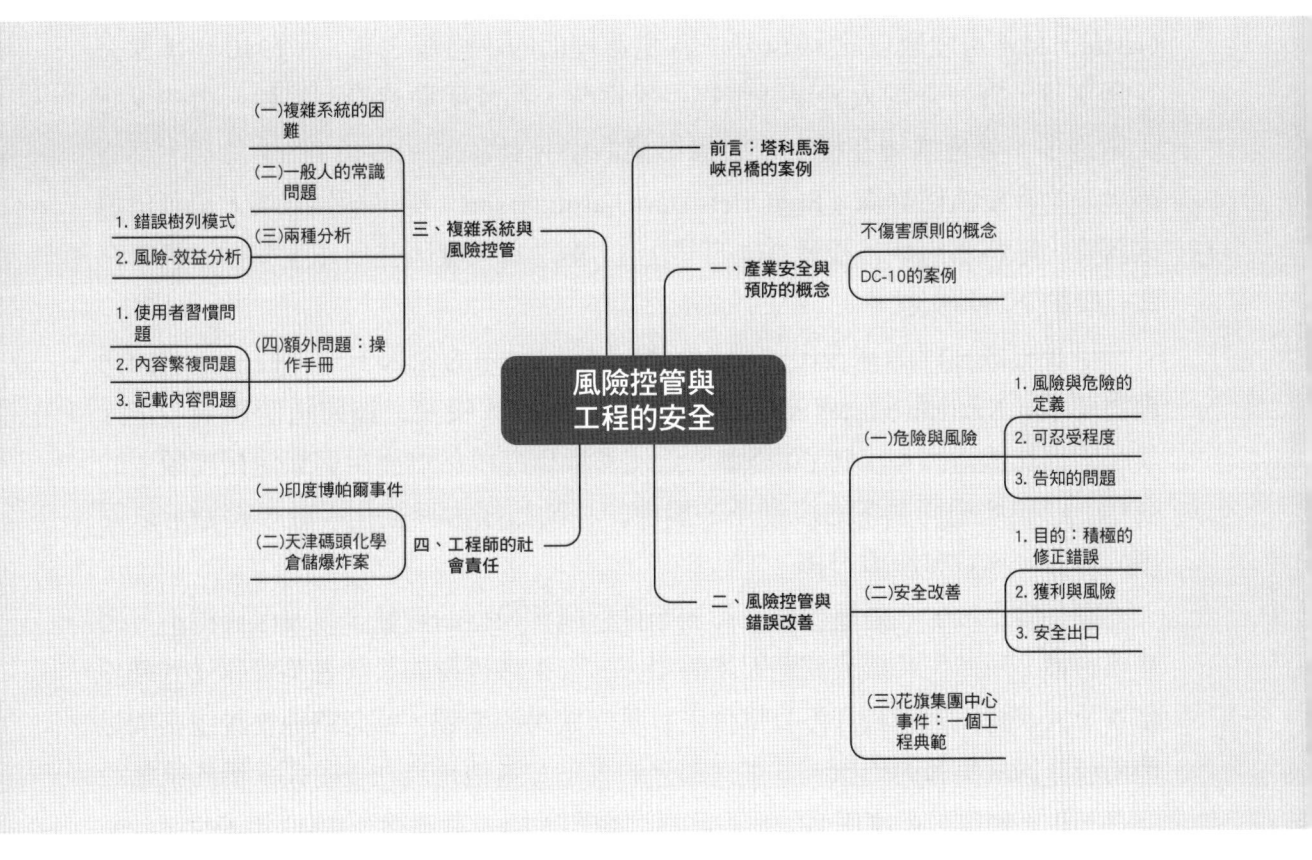

◆ 圖 6.1

1940年11月7日對工程師來說是難忘的一天。該年7月1日才剛啓用的塔科馬海峽吊橋（Tacoma Narrows Bridges）在這一天因爲共振的緣故斷裂。這次斷裂被全程錄影，且成爲工程意外歷史中的重要鏡頭。

這麼巨大的橋樑怎麼會在啓用後四個月就崩塌毀壞？1938年橋樑開始動工前，設計者莫賽菲（Leon Moisseiff）為能省下更多經費，將橋面設計的厚度縮減到只有2.4公尺厚。這樣的設計使這座大橋的施工經費從原先1,100萬美元縮減到只剩800萬美元。按照莫賽菲的計算，這座大橋雖然橋面厚度只有2.4公尺，但可以順利承載當時規劃的交通流量。到了實際施工時，施工工人已經發現這座橋樑有強烈的晃動，為此他們暱稱這座橋為奔馳葛蒂（Galloping Gertie，葛蒂可能取自於1914年一部電影裡面的小恐龍之名）。1940年橋樑完工通車後，許多駕駛人發現開車經過橋樑時，都能明顯感覺到震動。由於反應人數過多，管理當局在橋上安裝攝影機觀察晃動狀態。1940年11月初，華盛頓大學的教授法格哈森（Frederick Burt Farquharson）提出補強方案，只可惜還未落實，塔科馬海峽吊橋就在7日早上11點左右，就因強風產生共振，最終在眾目睽睽下坍塌毀滅。

事後有數種理論被提出，用以解釋該橋樑坍塌的原因。其中援引卡門渦街理論（Von Kármán vortex street）的說法最爲眾人接受。按照這個理論，當天早上因爲風速達到每小時60公里，致使塔科馬海峽吊橋產生與風速相同頻率的震動。在彼此相同頻率的震動下，橋樑的晃動被擴大與強化，最終超過可以回復的界線，導致整座橋坍塌。

事件發生後，凡是橋樑建築都開始採取風洞模型的實驗，以確保橋樑不會因強風影響，而產生共振或其他因素的損害。後來該橋樑的設計者莫賽菲受到強烈譴責，大家認爲他因設計不良導致塔科馬海峽吊橋崩塌，卻忽略他曾說這座橋是他所設計過最美麗的橋樑。其實大部分的人不知道他是現在曼哈頓大橋的原始設計者，也不知道後人應用他的理論建構出金門大橋。莫賽菲在1943年去世。

一、產業安全與預防的概念

塔科馬海峽吊橋事件給我們的教訓是：工程或科技的產物，在實際應用中有可能因爲疏忽而造成無法挽回的悲劇。因此，工程師在專業中如何有效預防

危害，或是如何讓工程環境更加安全，顯得至關重要。就某個程度來說，工程師或科技人員進行產品的研究開發，與醫療人員有相似之處。他們都為造福人類（雖然不可諱言有獲取利益的動機），他們的技術都屬於特定專業；這些技術與專業若未能被使用在正確的方向，也同樣會對使用者造成傷害。在這樣的狀況下，工程師或科技人員在最低限度上與醫療人員相同，均應守住不傷害原則作為專業工作的基礎。

我們在第一部分談「效益論」相關篇章中曾提及「不傷害原則」，該原理從人類天性中「趨善避惡」的抉擇傾向為基礎，表示在利害相關的抉擇中，人們容易傾向選擇對自己產生效益的最大值，或對自己造成傷害的最小值，所謂「趨善避惡」、「利害權衡」的決定。其中，避免傷害的原則更優位於產生效益。基於群體關係，當面臨對他人相關的處遇進行抉擇時，仍會傾向於避免傷害的結果產生。此類概念引入專業倫理領域時，被強調為專業人士在專業上應以不造成他人任何形式的傷害為基本原則。為此，不傷害／施益這組原則往往被認為是專業倫理中最基本，且為一體兩面的原則。

不傷害原則最常被引用的領域是醫事倫理。醫學是門專業，其技術在實踐上是把兩面刃，使用不當易造成極大傷害。許多醫事倫理專著內均以若干篇幅討論該原則的實踐與案例。[28] 不傷害原則與施益原則的理源，可追溯至以中世紀哲學家多瑪斯‧阿奎那（Thomas Aquinas, 1225-1274）在《駁異大全》（*Summa Contra Gentiles*）中之觀點說明：

> 每個受造物必然朝向最終目的前進，其意義在使自己達至完美。即便有受造物朝向作惡的結果前進，也絕非其故意作惡，而是因為他誤將作惡的結果視為對自己為善。此外，每種事物都期望透過朝向此完美目的使自己臻於完善。完善的意義在於使自己達至自己所處等級的極致化，也就是發揮本身所具有之能力。

上述論點可被認為是專業倫理存在的目的：一方面透過思考思辨倫理行為之所應為與不應為（並避免因專業能力造成他人傷害）；一方面透過德行生活

---

[28] Kurt Darr 著, *Ethics in Health services Management* (Baltimore: Health Professions Press, Inc., 2005); C. J. McFadden, Medical Ethics (Philadelphia: F. A. Davis Company, 1968); 蕭宏恩，《醫事倫理新論》，台北：五南圖書出版公司，2004.9；戴正德，《基礎醫事倫理學》，台北：高立圖書，2000.6。

達至最終行善之目的。

專業領域中，不傷害原則的實踐處於一種絕對不能被違反的狀態，其甚至較效益論的效益考量更具絕對優先性。為此，不傷害原則的具體實踐是：無論何時何地都不能因所使用的技術或專業能力造成他人身體上、精神上，甚或靈性上的傷害。這個原則推廣到其他專業領域，包含科技與工程領域，都相同適用。尤其在工程倫理的領域中，工程師或科技人員應牢記在心並設法避免各種可能的傷害，因為錯誤設計或機械與零件的不當配置乃至廢料的回收等每一個環節，都有可能造成無法挽回的傷害。現代工程與科技已逐步進入複雜系統的世代（複雜系統的概念將在後文說明），許多產物不再是簡單組合的產品，工程中的任何一部分出錯都有可能釀成悲劇。

我們以美國麥克唐納道格拉斯公司（McDonnell Douglas）出產的 DC-10 這款客機曾經發生的問題作進一步說明。DC-10 客機的貨艙門設計與過往不同，為能擁有更大載貨量，工程師設計貨艙門向外開啟模式。而為能確保飛航安全，貨艙門上鎖時有複雜且嚴格的程序。但該程序複雜且不易進行，對地勤人員造成極大困擾。1972 年美國航空 96 號班機即為此款客機，該航班在行經水牛城時，貨艙門疑似沒有鎖緊而在飛行途中脫離機身，造成飛機部分機身塌陷與線路毀損。所幸該班機最後安全降落，無人傷亡。美國國家運輸安全委員會（簡稱 NTSB）發現，即便貨艙門僅是扣上而沒有按照標準程序關閉，駕駛艙內的指示燈號還是會照樣熄滅。所以，NTSB 建議麥克唐納道格拉斯公司應該進行維修與改造，包括應該增加輔助視窗幫助地勤人員確認貨艙門完整上鎖等安全程序。但是麥克唐納道格拉斯公司並未正視此建議，導致 1974 年另一架土耳其航空的 DC-10 客機在飛行途中貨艙門相同脫離機身，這次事件造成 346 名機組員與乘客不幸喪生的悲劇。

DC-10 的故事告訴我們：科技雖然帶來極大便利，但只要一點小錯誤或疏失都有可能造成極大傷害。DC-10 貨艙門的設計立意良善，因為更大酬載空間意謂著航空公司能創造更大商業利益。但在複雜系統的概念下，DC-10 貨艙門的關閉問題造成地勤人員額外負擔，脫離的艙門亦因氣壓問題造成機身的塌陷與線路斷裂。從此例證可以看出，工程師與科技人員不論是開發、設計或製造的過程中，都應該堅守最低底線：不能也不應造成任何形式的傷害，從此原則來審慎檢視每一道製程與處理環節。這些傷害一旦產生，除了無法挽回的災損

之外，其帶來的後果對工程與科技人員的專業形象都將造成重大打擊，也容易使眾人對此類專業人員產生不信任。原則上，工程與科技人員的專業能力是應該被使用者信任的；儘管我們知道，在專業領域內，這些開發與設計本來就存在若干風險或危險。

為能達成工程領域的不傷害原則，兩個方面的努力應該被牢記於心：消極的預防、積極的改善。這兩者在工程上可被稱為風險控管與錯誤改善。

二 風險控管與錯誤改善

一般而言，工程師或科技人員不會在產品製造設計開始時便想著未來要如何改良這項產品，因為這意謂著該產品的設計製造本身已有瑕疵。但是，生產過程一如前章提出之流程，充滿未知變數，不論哪一部分均有可能出錯：大到施工的時空因素，小至零件用久了可能鬆脫。面對這些未知的問題，工程師與科技人員首要工作之一便是儘可能掌握各種可能發生的風險。

（一）危險與風險

任何產品的設計或是工程的建設都必然存在風險。這些風險可能以不同方式出現在產品設計、製造或是使用的各個方面。有時候風險的存在是科技進步帶來的副產品，科技產物與工程建造本身帶有若干風險或危險是必然存在的狀況，問題在於我們對風險的忍受到達何種程度？

1. **風險與危險的定義**：我們很難對風險或危險提出明確定義，但凡會造成人員傷亡或財物損失的狀況均可被稱風險或危險。雖然我們也可以這樣認為：未來可能會發生且能夠預防的是「風險」，而被認定會直接造成損傷者則可以稱為「危險」。如果依據這種共識，風險管理就會包含時序與潛在性問題等相關狀況。一輛新車出廠時原則上可被相信是安全無虞的，但是其中的小瑕疵可能要在出廠若干時間後才會（或才能）被發現。例如：2009 至 2010 年美國豐田汽車（特別是油電混合車）發生多起暴衝事件，調查結果發現是因油門設計瑕疵，加上豐田汽車多款車種並未安裝剎車訊號優先系統（BOS）才導致。但為何特別是豐田汽車出問題呢？其主要原因在於豐田汽車大量引

用電子油門系統，並以高度電腦化的方式控制引擎。最後，豐田汽車提出了12億美元的天價賠償，並大量召回車輛進行檢修。

這種危險屬於可被注意，但未被注意的問題。前述的危險之所以被忽略，可能是由於該公司產業在1990年代高度擴張，大幅降低車輛製造成本，加上電子油門引入等眾多因素所導致。這些危險從事後檢討角度來說尚屬簡單，但面對風險的潛在性，我們有可能全面的事先預防嗎？特別當一間工程或科技公司日漸巨大，公司內部的職員工越來越如同大型機器內的小螺絲時，許多新創科技的整合過程中容易被忽略的問題都可能形成潛在風險與危機。

上述問題也在華航澎湖空難的案例中同樣被突顯出來。2002年一架編號611班次的華航波音747-200客機行經澎湖上空時突然在空中解體。該次空難造成225人不幸罹難。事後調查發現，該架客機於1980年在香港降落時曾因操作失當造成機尾撞擊地面，機身受損。維修員未依據波音公司（Boeing）的結構維修手冊（structual repair manual, SRM）進行維護，最後這塊受損的機身因金屬疲勞造成班機在空中解體的不幸意外。611次班機的例證表明，就時序來說，任何潛在的危險或風險都可能會造成無法挽回的後果，不論其原因是直接的或間接的。

2. **可忍受程度**：風險與危險的確存在於複雜的工程科技系統中，其複雜度不一定能被注意。有一些危險是可被立即觀察的結果，而這些可被觀察的結果最終取決於觀察或參與者的忍受程度。

有些活動本身就具有危險性，即便這個行為是我們日常生活中的行為。幾個朋友一起去打棒球時，若是使用硬式棒球就會使這個運動的危險大幅增加，但是打棒球作為玩樂或運動，其風險還是在我們可以忍受的範圍。即便是職業球員要比一般人面對更大的風險，但基於從小的訓練與高額的薪水，這些風險可能還可讓人感覺合乎比例或是值得的——或是說，其性價比（俗稱CP值）相當高。

此類問題在工程與科技中牽扯得更為複雜。以手機基地台為例，單單討論基地台的設點就關係到空間正義的問題：為何必須設在A點而不是設在B點？電信公司可以依計算或涵蓋率證明設在A點比在B點更有效率，通訊涵蓋面積也更廣。但這僅是在空間與計算上得出結果，並沒有考慮到在地居民的感受。特別是台灣民意高漲，電磁波對人體危害問題尚未取得大眾接受的

共識，此時設點周邊的居民是否願意忍受，就成為風險考量的一部分。

可忍受程度能否提高，這個問題仍屬主觀層次。為專業人士可理解者，不見得為一般大眾都能體會。對於可忍受程度的解決之道，其中一個方法是誠實告知。

3. **告知的問題**：面對工程與科技可能帶來的風險及危害，一般認為公司組織或主要負責者都應該要誠實告知。若當事人已經知情，同意而且願意冒險時，表示當事人至少願意忍受這種風險帶來的可能結果。例如：飛向太空是非常危險的，任何一個小環節出錯都有可能造成無法挽回的悲劇，這可從美國的挑戰者號太空梭的升空意外，與哥倫比亞號太空梭返回地球的空中解體兩個事件看出。這些太空人在出任務前已經知道整個太空航程的危險性，他們屬於被告知的狀態。

雖然告知是重要的，但怎麼告知或是告知到何種程度卻引發不同的討論意見。就告知方法來說，公告是否足夠？溝通是否有效？即便能找到所有人都認同的公告方式，告知的內容又該如何進行？後文將會提到專業知識與一般知識間的落差，以及一般使用者依靠經驗的問題。

工程師與科技人員在面對存在的風險或是已知的危險時，除了消極的預防，透過風險控管的方式，確實掌握狀況外，另一種作為是處理並改善已經實際存在的危害，此作為即是安全改善。

（二）安全改善

科技產品或工程在設計時，會期待這個產品能夠正常執行其被賦予的功能，並完成使用者正常狀況下的使用目的。但一些科技產品在設計時，由於設計當下的科技限制，或是設計者與使用者在思維上的盲點，導致這些產品不一定能立即達到原本的期望與要求，甚至在使用過程中產生安全上的疑慮。為此，工程師與科技人員需要思考如何能對安全更進一步的實踐，並對產品進行安全改善。

1. **目的：積極的修正錯誤**：安全改善的目的在於透過積極方式修正錯誤，此因產品設計過程複雜，所以錯誤以潛在方式存在。由於變數過大，故如何修正潛在的危險便更加重要。有些官方機構存在目的即包含對錯誤的修正，例如：隸屬於美國運輸部下屬的美國聯邦航空總署（Federal Aviation

Administration，簡稱 FAA）主責管理民用航空器具與組織，工作之一就是修正飛航因素中的潛在危險。為此，每當發生航空器意外，FAA 就會派員前往調查，確認是人為因素、機械故障或其他可能理由。爾後 FAA 根據調查結果提出技術文件，確保航空器未來在運作上更加便利。就 FAA 的角度來說，其工作就是積極的修正錯誤。

　　但是，錯誤不一定是指設計失當或不良產品，有時修正錯誤目的在於建構更安全或更有效益的產品設計。易開罐的拉環就是安全改善的例證之一。易開罐最早的拉環為外掀式拉環，拉環與易開罐完全分離。這種拉環容易割傷手，被動物或孩童吞下後也會造成傷害。後來內嵌式拉環被研發出來，並被普及到所有易開罐上，這種現在最常見的內嵌式拉環大幅降低之前拉環的危機。

　　工程師需要思考如何將潛在的危險透過科技創新進行修正。不過，即使是面對潛在危機，工程師仍應該主動試圖加以修正，然而此一行為卻常牽動公司利益與風險成本間的複雜拉鋸關係，讓工程師就算有辦法修正、想進行修正，也不見得能順利遂行。

2. **獲利與風險**：雖然面對錯誤應該要修正，但若修正會導致另一筆巨大支出，或是修正對獲利造成一定威脅時，獲利的算計與修正錯誤的道義之間就存在著微妙的拉鋸關係。

　　我們在本書第一部分提過的福特汽車公司平托汽車案可做此處例證。福特汽車公司在 1977 年被指控因為設計失當，導致當車輛從後方被追撞後，溢出的油料容易引發火災，致使車內人員無法逃生。[29] 然而福特汽車公司並非不知道這個狀況，事實上他們還設計了一個新的防護裝置，能確保油箱即便被刺破也不會產生危害，而每輛車安裝這個新的裝置需要花費 11 美元。但福特汽車公司透過風險／利益分析方式發現，雖然新設計可以有效降低死亡人數，但與不更換相較之下的損失——包含車輛損失，以及因傷亡造成的理賠或官司費用將近 5,000 萬美元——比起來，更換的零件、人力及宣傳費用

---

[29] 根據列加特（Christopher Leggett）的著名論文指出，平托汽車最大問題來自於油箱設計的位置。該車款油箱位於後輪軸後方，設計上因為降低油箱位置，所以創造出更多空間給後車廂。列加特強調，這種設計造成平托汽車在被追撞時，車尾變得更加危險；因為螺絲可能會因撞擊刺穿油箱造成油氣外洩，致使該車在被追撞後發生火災的機率大幅增加。列加特那篇論文是 "The Ford Pinto case: The valuation of life as it applier to the negligence-efficiency argument"，該篇論文被刊登在維克弗斯特大學的網頁上，網址：http://goo.gl/nflwmL。

可能要消耗到約 1.37 億美元,所以最終他們並未修正與積極改變這個危險。而平托汽車,雖然有著極佳的銷售業績,卻因為這個緣故不斷被給予負面評價。包含 2004 年,《富比士》(*Forbes*)雜誌將其評為史上最糟糕的汽車;2008 年《時代》(*Times*)雜誌及於其設計不良與安全性極低的問題,票選其為史上五十大爛車的其中之一;2009 年《商業周刊》(*BusinessWeek*)也評選該車為近五十年來的最糟糕汽車其中之一。

　　平托汽車的案例讓我們不禁要問:這樣的獲利合理嗎?按照列加特的研究,該汽車被描繪成福特汽車公司為節省更多成本所製造出來的產物,但後來的研究卻顯示,平托汽車在同級車中仍然具有足夠安全性,特別是依據平托汽車的產量和發生意外的比例,及其與同時期美國的進口車相比。在平托汽車結束生產後多年,一些研究指出,平托汽車在獲利與風險間的比較不能證明福特汽車公司有罔顧人命的嫌疑;因為平托汽車將油箱放置於後輪軸的後方,雖被批評為設計缺陷,但在同時期的美國車上實屬一般常見的設計。再者,美國加州法院不僅容忍製造商評估安全成本,甚至鼓勵公司應該要有所權衡。可能是基於美國國家交通安全局強調人命價值的概念,平托汽車案最後仍然被處以重罰。

　　平托汽車案可以透過上述辯論來思考其是否為節省成本不顧風險的產物,但是問題卻可以從另一個角度來思考。單就有形成本來看,福特汽車公司確實透過省下零件費用、工資及宣傳的費用而有所獲利。但若考慮到人員傷亡的損失(至少 27 人被認為是因此設計失當導致死亡),以及公司名譽的損失等沉默成本時,是否還能被認為是獲利?就有待商榷了。尤其該車款至 1977 年年底時已經出廠 250 萬輛,若以平均每 10 萬輛車可能造成一名使用者死亡的意外來看,這種遠低於十萬分之一機率似乎在風險控管上還是可以接受。然而,問題的核心應該是,我們固然能夠設計一個符合法規與風險評估下可以接受的車輛,但是人命的價值可以透過機率的計算與風險控管得到合理的讓步或妥協嗎?這個案例讓我們必須進一步地思考:工程師與科技人員在最基礎的不傷害概念上應該做到什麼樣的地步?

　　如案例中所言,工程師其實在車輛出廠時就已發現這項瑕疵的存在,此時他們的作法是積極性的:設計新的零組件以確保車輛可避免危險。但由於若要變更汽車的原始設計,有可能會涉及車輛結構、產線製程等複雜問題,實

屬困難；為此，工程師設計事後補救用的 11 美元產品，應屬於可被接受的補救措施。從這個角度來看，工程師盡到應盡之職責，且屬不傷害原則的應用。

這樣說來，工程師的責任在上述案例中可屬免責狀態嗎？更進一步說，工程師在整起事件中扮演的角色究竟為何？我們固然可以說最終是由公司基於利潤考量進行決策，但工程師在其中是否負擔起應盡的職責？特別此一狀況符合對「檢舉」行為的考量時，工程師似乎沒有展現出應然的積極作為。

從平托汽車的案件，我們應該如何說明工程師在職場中具體落實工程倫理中的不傷害原則？可能的落實可以從下述幾部分思考：首先，設計中應注意的範圍就已廣泛，產品從設計、製造到銷售是一段漫長過程，過程中的任何疑慮都應循公司內部管道提出合理的質疑，而不應以過往習慣等觀念含糊帶過。其次，製造中思考可能的改進：在產品成形且還具有改進可能時，可以透過測試印證「數列分系模式」的結果以利改進；產品成形並銷售後，則應發現問題並儘可能補救：不論是對產品本身補救、零件更換，或推出次一代產品，都是補救的方式。唯應說明，此處的補救並非指主觀感受上對產品的喜好或方便，而是指確實具有危害的部分應加以修正以防止任何形式傷害的發生。為此，工程師應該考慮「安全出口」（safe exit）的問題。

3. **安全出口**：基於複雜系統的發展，也因著不傷害原則的使用，由於使用者不一定具有與工程師或科技人員相同的專業能力與知識，故工程師應該要能為使用者的操作與安全性上著想。馬丁與施辛格就指出，以現在複雜系統的概念來看，要製造一個絕對安全或一定不會損壞的產品幾乎不可能。為此，他們提出「安全出口」的概念。[30] 安全出口的概念一如我們搭乘公共交通工具時所看見，能幫助我們在意外發生時能順利離開的緊急出口一般。安全出口應用在工程或科技的概念上包含三個主要用途：

(1) 這個產品能夠在安全的狀況下損壞。
(2) 這個產品可以被安全的拋棄。
(3) 使用者可以安全地逃離這個產品。

上述三個概念不只單純能在單一產品上被驗證（例如：(3) 至少適用於大客

---

[30] 馬丁、施辛格著，何財能等譯，《工程倫理》，台北：美商麥格羅希爾公司，2011，頁 163-164。

車上,所以產生逃生門或逃生窗之類的設計),更可以進一步應用到整個工程或生產的過程上。電池的回收屬於 (2) 項目的應用:廢電池放久後可能因氧化作用滲出氫氧化鉀水溶液,其具有強鹼性,可能產生腐蝕,若有人誤觸則有灼傷的危險。透過回收機制能夠安全將此產品的廢品統一集中避免危險,而台灣廢電池的回收機制完善,任何住家附近的便利超商均可安全回收。安全出口概念應用範圍可以擴大,若是更大者也可能包括變電所或核電廠附近居民的疏散計畫(例如:台電在核四廠設立的核四斷然處置計畫就屬於安全出口的一種)。換言之,安全出口的重要性在於對一個複雜系統可能及未知的變數提出應變機制,讓傷害降到最低。

上述狀況大多數可以在產品研發前或製造中思索如何防範。然而,產品即便已經完成,也可能因後續問題而產生新的風險與危險。按照不傷害原則,工程師應積極補救,甚至告知。工程倫理的歷史上,花旗集團中心(Citicorp Center)與建築師里米蘇瑞(Willam LeMessurier)之間的事件,就屬於工程師遵守不傷害原則後的最佳結果。

(三)花旗集團中心(Citicorp Center)事件:一個工程典範

我們在第一部分提過的花旗集團中心工程,是工程師應有典範的代表,因為此案表現出工程師遵守不傷害原則,並積極補救錯誤的正確行為。1970 年代,花旗集團預計在曼哈頓建立新的集團總部,但是建築現址有一間 1905 年就已建造的聖彼得福音路德教會;花旗銀行同意在原址建造一間新的教堂,不過若要如此進行,那麼這間教堂與花旗大樓就會呈現出微妙的關係:大樓將如同建設在教堂的天空一樣。

負責建造的工程師里米蘇瑞設計出巧思建構的特殊結構:59 層樓的大樓被架設在四根巨大且高達 114 英尺(約 35 公尺)的柱子上。如此一來,新建教堂可以被安置在整體建築物的西北方。透過倒等腰三角形的設計,整棟大樓能順利將重量平均分散。此外,為避免強風影響,里米蘇瑞另外設計 48 個以鋼鐵構件組成的鋸齒狀獨特設計,並安裝「阻尼器」(shock absorber)以維護大樓的結構平穩。

雖然里米蘇瑞計算了強風的影響,但是他的計算少了對角風的考慮。所以當完工一年後,一位工程系學生提出問題時,里米蘇瑞與幾位工程師共同計

算發現，若遇到強烈的對角風，任何一側的承受風力都比原本設計的還要再強 40%。里米蘇瑞沒有計算到這個部分，是因為當時建築法規並無對此狀況的要求。考慮到對角風可能造成的危害，里米蘇瑞進一步確認他設計的鋼鐵構件組狀態，卻得到此部分負責工程師高德史坦（S. Goldstein）回覆表示，支撐結構並未進行焊接，因為生產零件的伯利恆鋼鐵公司（Bethlehem Steel Corporation）認為焊接不是必要的。更進一步，當里米蘇瑞與顧問討論高樓產生的風力現象時發現，若風速超過每小時 70 英里（約為時速 113 公里，相當於颶風等級的風力），建築物有可能面臨倒塌的危險。這種危害發生的機率大約平均 16 年可能發生一次。由於問題被提出與檢討時已經是 6 月，也就是接近風災產生的季節，里米蘇瑞面對生涯最大難題：他應不應該誠實告知花旗集團此一潛在危險？

據說，里米蘇瑞為了這個難題曾暫時離開都會區，認真思考應該怎麼做。當他從鄉間回來後，決定先告訴大樓建築師史塔賓斯（Hugh Stubbins），討論並提出解決方案後再告知花旗集團。在與多個部門開會協議，特別是告知紐約市政府且獲得許可後，里米蘇瑞執行他的解決方案：在關鍵的位置上強化對角支撐架，並在 200 多個螺絲拴鎖處焊接鋼板以強化外部鋼鐵構件組。另外，花旗大樓安裝監控儀器，並設立緊急發電機以確保阻尼器的使用。為了避免引發恐慌，所有工作原則上在夜間進行。三個月後，花旗大樓的維修工作完成。強化後的花旗大樓可以對抗未來兩百年可能出現的最強風災。里米蘇瑞勇於負責的態度引起工程界的讚揚，雖然他究竟花了多少錢進行維修並沒有人知道（猜測金額從 800 萬到 1200 萬美元均有人提出數據）。花旗集團在被告知這個危險後，一直等到修復工程完成才提出完整的賠償官司，最後並與里米蘇瑞達成 200 萬美元的和解。

雖然里米蘇瑞的處理案有其正向意義，但在這個案例中還是有若干被質疑的部分。這個 1977 年整修完成的工作，一直到 1995 年的報導才被揭露出來，這意謂著紐約市民被蒙在鼓裡將近二十年。部分專業人士認為，里米蘇瑞是因為監督不周以致後來必須奔走解決自己惹出的麻煩。撇開花旗大樓周邊建物不管，里米蘇瑞也沒有告訴一同設計的工作團隊的另外兩位建築師。所以，雖然里米蘇瑞的例證在大多數工程倫理中被認為是正面例子，卻也有專業人士質疑這個案件中未被特別強調的不道德之處。例如：設計師克雷默（Eugene

Kremer）曾以專文分析花旗銀行大樓工程的問題。在文中，他以六點指出該大樓事件與倫理之間的關係：[31]

1. 在分析強風荷載時需要檢查所有的計算，不能僅僅依賴建築法規的文字，因為這些法規所設定的為建築物的最低要求，而不是實際操作時應該具備的技術與狀況。
2. 在設計變更方面，如遇到這種情況下，應該從最根本的焊接螺栓連接進行變更。設計變更應該邀請公眾參與，而不只是在決策時刻的監督。
3. 就職業責任方面，克雷默認為里米蘇瑞並未優先考慮公眾安全。
4. 里米蘇瑞與花旗集團所發表的公開聲明，有刻意誤導公眾之嫌。事實上，為避免恐慌，花旗集團與紐約市政府刻意封鎖這則新聞，直到工程完成。另外，他們正巧遇上的新聞業罷工也順利幫助消息的隱瞞。
5. 公開聲明中並未讓公眾對此議題發表意見，僅單方面做出對集團與設計師有利的決策。
6. 克雷默認為部分資訊還是屬於封鎖狀態，阻礙可以學習的道德與工程進展。

　　無論如何，里米蘇瑞在他的職業生涯中表現出重要的倫理德行：他盡了工程師應盡的義務，防止了可能的危害。里米蘇瑞的故事表現出：錯誤的決策無須逃避，勇於面對時得到的聲譽反而會提高。

三　複雜系統與風險控管

　　現代科技產物往往由許多零組件組成，這些零組件本身可能就是精細的現代科技產物。這些由越來越多零件組成的科技產物，其複雜程度常使一般使用者無法單憑經驗進行維修，甚至進行安全評估；這也使得這些由眾多零件組成的產品，可能僅僅因為一個極小的外部因素，就能造成難以處理的損壞，或釀成巨大災害。例如：2000 年發生的法國協和號客機墜機事件，出事原因是起飛時輪胎壓到未清理之前機零件導致爆胎，輪胎破片射中油箱使油箱內部燃料嚴

---

[31] 參 http://www.crosscurrents.org/kremer2002.htm。該篇論文名為〈對花旗大樓的（再）檢驗：是道德典範還是道德妖怪？〉，刊載於 2002 年的 *Crosscurrent* 雜誌。

重震盪，最終致使客機墜毀，並奪去113條寶貴性命。這個案例讓我們看見，工程師與科技人員在產業安全防護方面的作為變得更為重要，他們應該要能在複雜系統中進行各種環節的風險控管，維持工程與科技的安全環境。

（一）複雜系統的困難

產業安全預防之所以重要，在於現在科技傾向於複雜系統。過往科技產品受限於技術不純熟，或製造、材料等限制，不易（也不常）與其他系統整合共用。隨著科技發展，許多科技產物不再侷限單一產品內部的科技，而是需要更複雜的演算技術或科技發展。除單一產品自身的製造發展外，因為單一產品所產生的問題可能連帶影響到其他本來不直接關聯的人事物問題，這都是現代科技朝向複雜系統發展的結果。

我們以空中巴士A380為例。該機種在發展過程中就曾出現若干質疑聲浪。由於A380研發階段就宣稱可以搭載至少800位旅客，所以如何讓800位旅客在一定時間內登機或離機，成為大型機場的重大挑戰。雖然日後A380並非真正承載這麼多旅客，但光是飛機本身也存在若干問題，例如：該客機容易在起飛時產生空氣亂流，導致部分民航團體建議在A380起飛後，應等待兩至三分鐘再起飛較為安全。此外，A380空重超過250噸，比最重的波音747多出25%以上，導致部分機場跑道無法負荷A380的降落。事實上，A380的降落長度為3,800公尺，比波音747的需求還多了至少300公尺，這也導致部分機場無法提供A380的降落。

A380的例證告訴我們，現代科技的發展朝向多面向式的複雜系統，因為其從設計構想、製造材質等等均需要加以突破。當飛機設計完成且試飛成功後，又引發出其他相關如機場旅運疏散、跑道規格等必要的配套問題。僅此幾個問題，每個問題都牽涉工程結構、材料科技、航運管理，甚至機場跑道設計規格與各國法令的問題，錯綜複雜。

這種精細與錯綜複雜的程度，促使我們需要進一步探討「非專業人員」的問題。工程師創造發明，有義務傳達足夠縝密的使用資訊給一般操作者。畢竟術業有專攻，工程師不能要求所有的使用者具足與他一樣的產品知識與安全考量；而且在很多時候，非專業人員與工程師和科技人員之間，在使用目的與操作思考上確有不同。

（二）一般人的常識問題

　　專業工程師與科技人員在面對專業與公共領域的質疑時，常能透過其所具有的專業能力彼此溝通與評估事件。但對一般人來說，因為不具備專業能力或知識，在面對這些問題上只能依據常識進行判斷。

　　常識是每個人在生活中都能依靠使用的訊息。每個人所熟悉的常識，基本上來自我們各自的生活領域，透過經驗的不斷累積，來提供我們需要的判斷與抉擇的依據。對工程師或科技人員來說，累積足夠經驗，同時接受更多專業的訓練，足以養成對專業領域的敏銳度；這些眾多經驗且能進一步建構成為專業知識，並脫離常識領域，致使一般人所擁有的常識不再能處理這類問題。例如：我可以知道當自己感冒時，多休息可以讓身體恢復健康；但這不代表我每次感冒都能用同樣方式處理，也不代表我能明白因感冒引發的細菌性心內膜炎應該如何治療。換言之，一般人在常識領域內所理解和掌握的，與專業領域的知識，在內容的廣延性上有根本的落差。

　　這裡所提的落差，在過往科技領域內，或許還能透過足夠的常識經驗加以補足；然而，現代科技基於複雜系統的實踐，常識常不足以應付這些日益複雜的問題，其中更為棘手的問題，是使用者操作不當的隱憂。工程師或科技人員在設計產品時，原則上希望使用者依據使用規範進行操作。為能處理使用上的規範，通常產品附有使用手冊之類的文件作為輔助。但儘管有使用手冊，仍然不能保證使用者一定會依據其中規範使用產品。

　　以電暖器為例，台灣家庭冬天常用的電暖器，早年因使用者操作問題引發過火災，包含電暖器傾倒，或是將毛巾置於其上任其烘乾。這種錯誤的使用方式引發多起意外事件，並且造成生命財產損失。為避免這些危險發生，部分電暖器日後在設計上加裝傾倒自動斷電裝置，或是超溫斷電保護裝置，以預防使用者因操作不當產生的意外。從電暖器的例子引發出安全防護的重要性，也使我們必須思考一般人的常識問題，以理解產業防護對一般人的重要。

　　面對越來越複雜的建設與科技，人類達到新的風險境界：我們如何能進行對風險的評估，甚至掌控？以下提供兩種方式。

（三）兩種分析

　　面對複雜系統的問題，我們應該如何進行個案評估與分析？馬丁與施辛格

提供兩種分析方式：一種是錯誤樹列模式；另一種則是風險—效益分析。

1. **錯誤樹列模式**（fault tree analyse）：錯誤樹列模式（或稱故障樹分析模式、失誤樹分析模式）最早由貝爾實驗室（Bell Laboratories）在 1962 年提出，當年提出此種演算推論是為確認美國空軍司令部洲際彈道飛彈 LGM-30 民兵飛彈（LGM-30 Minuteman）的發射系統，在研發過程中能獲得最有效的控制與明確之故障排除。因為洲際彈道飛彈酬載殺傷力極強的核彈頭，所以其控制系統需要精準且有效地排除一切可能錯誤。後來錯誤樹列模式被發現是一種對潛在危險評估的有效方式，因此從 1966 年開始，波音公司就使用這種分析方式確保飛行器製造上的危險評估。爾後包含美國陸軍、聯邦航空管理局等重要單位都採用這個分析方式。至今，該方法已為重要評估科技風險的方法之一。

    錯誤樹列模式的進行方法為，透過一個以系統方式進行的分析，將這個系統內可能失敗的問題一一列舉，以獲得從上到下的逐步處理方法，之後進一步根據事件建立聯繫，找出解決的標準流程。它用圖形化的模組，讓一個系統被導向那些條列出來被認定可能會發生的故障，之後建立事件處理邏輯的路徑，讓工程師與科技人員能有所依據。[32] 錯誤樹列分析模式的概念是：當我們透過將錯誤條列，並規劃出解決的標準流程時，我們就能預防可能的危害，或是在危害發生時知道應該如何處置。

    這類分析在國內外使用相當頻繁。舉例來說，中國石油公司從 2004 年開始於台中港建設 LNG（液化天然氣）接收站。該工程完工後，中油便完成〈台中港 LNG 儲槽風險評估報告〉，其中使用錯誤樹列模式如圖 6.2。

---

[32] 關於更為精準的內容（包含常用符號、數學基礎，甚至實際操作範例），可參見線上 MBA 智庫百科中〈故障樹分析法〉之詞條。網址：http://goo.gl/QDuyB。

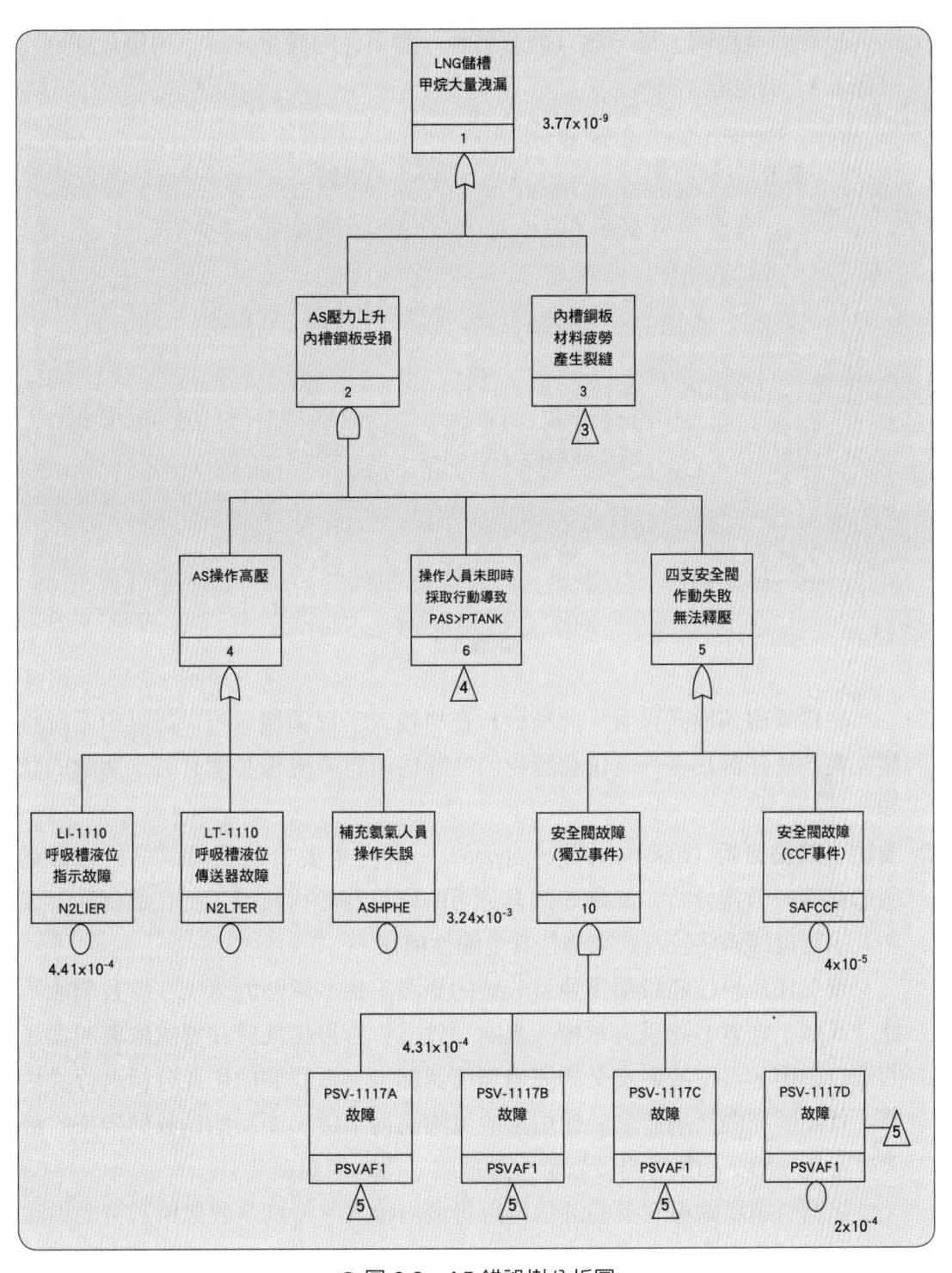

▲ 圖 6.2　A5 錯誤樹分析圖

以此圖型為例,每一個方框意謂著一個事件的發生。以下列舉幾種圖示(圖 6.3)的意義:

圖示	意義
 ⌒	表示「與」(and),所有事件都輸入才會發生。
 ⌒	表示「或」(or),單一事件輸入就會發生。
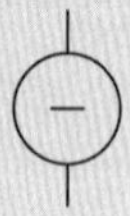 ○	表示「非」(not),表示與輸入事件對立,可視為事件結束或解除。
 △子樹代號字母	表示相同事件。

△ 圖 6.3

　　從錯誤樹列模式來看,此種分析在科技或工程領域內可以提供對系統整體完整的風險評估——這也意謂我們在評估前對系統也必須有若干明確的認知。

2. **風險—效益分析**(risk-benefit analysis):許多重要公共建設或是科技都適用於風險—效益分析。風險—效益分析的作用在於科技或工程在進行前(或中),可以透過比較方式來尋找其危險性何在。

　　幾乎任何科技建設都需要冒一定的風險,這些風險的差別在於我們能不能(或願不願意)忍受與承擔。風險—效益分析目標期望在為風險與利益之間取得平衡,以促成最安全的使用環境與結果。當我們使用此分析進行評估時,就如同在問某項產品於使用上的風險為何?這項產品能為我們帶來的最大效益是什麼?如果有需要冒險,這個險冒得有價值嗎?

　　這裡所謂風險與效益的評估可以是最直接的。特別當我們所需冒的風險與效益間能用很簡易的方式評估時(例如:大考前出去玩的風險有多大,或是可以用金錢等明確的量化單位評估的狀況),這樣的評估將更為容易。問題在於,有許多產品在風險與效益間很難有效評估。例如:核電廠及核廢料

之間的關係，就不是一件容易處理的事。

　　在許多核能發電的相關議題中，近年來特別被提出討論的是核廢料的問題。核廢料半衰期可達兩萬四千年，且為高汙染風險的廢棄物，其處理不可不慎。以台灣為例，台灣目前核廢料的處理方式眾多，包含核廢料儲存場（蘭嶼及龍潭各有一座，兩者均不再接受新的核廢料放置）、乾式儲存（置於核一廠內），以及置入冷卻池儲放。核廢料的存在是核能電廠運轉後必然存在的問題，但如何儲存則有相當高的爭議。透過風險—效益分析，我們固然可以說核電廠的運轉能在發電與能源上造成極大的效益，但問及核廢料儲存的風險，此風險確實是我們可以承擔或是接受的嗎？更進一步來說，我們應該要主動考量核廢料儲存場附近居民所承擔的生存與健康風險嗎？我們固然可以學習芬蘭的 Onkalo 核廢料儲存計畫，在人煙罕至所在挖掘一座位於地底下 400 至 500 公尺的核廢料儲存場。但這樣做就不會有風險，而只剩利益了嗎？事實上，Onkalo 所在的芬蘭西海岸埃烏拉約基鎮，2013 年還有人口近 6,000 人。這些人的風險或利益又要如何計算？再多推一步，五百年後在半衰期時間內的人們風險及利益又該被如何評估？

　　上述例證說明，現代風險—效益分析不易基於單一個人或團體的考慮，而應該是要採取一定程序的討論或審查來確定。因為工程師或科技人員所考慮的技術與產物，可能對社會大眾產生極大的影響，所以風險的考慮也必須儘可能將各個層面含括在內。

（四）額外問題：操作手冊

　　工程師或科技人員在設計產品時，為能幫助使用者順利且安全使用一項產品，最為直接簡便的方式之一是設計（撰寫）操作手冊／使用說明書。使用說明書或操作手冊可被視為產業安全的例證，因為其如同製造廠商對使用者的紙本安全教育訓練。特別是現代科技發展神速，許多科技產品的功能遠超過使用者熟悉或習慣的內容。所以，使用說明書正是教導使用者安全操作的範圍與界限，也可說是廠商為使用者準備的安全出口。基本上，閱讀使用說明書可幫助使用者以正確及符合原本設計的方式使用該項產品。

　　雖然使用說明書／操作手冊可以幫助使用者理解產品的使用，但其本身也存在若干問題，最常與之發生衝突的是使用者習慣問題。部分使用者並未養成

使用前閱讀操作手冊的習慣，而是依循過往類似產品使用經驗使用新到手之產品。扣除可能因為不熟悉而產生的危險之外，該項產品的效能在此狀況下也不一定能發揮到原有設計規劃。以智慧型手機為例，手機的使用屬共同經驗，但不同種類的智慧型手機可能搭配不同功能，一些新的功能也可能是過往所沒有的。部分智慧型手機之供應商為幫助使用者快速掌握手機性能，於官方網頁同時備有快速操作指南，與手機的使用手冊提供下載。但是，大部分的手機使用者不一定會下載或閱讀，因為使用者對於手機使用有充分的經驗，而且使用手冊大多內容繁複，不易閱讀。

內容繁複的手冊使繁忙的現代人無心閱讀，即便閱讀通常也僅選擇部分篇章。既然高科技產品製造商為幫助使用者發揮該產品性能，並讓使用者安全使用該項產品，其使用說明書應盡可能詳細完整。但要詳細完整，使用說明書的內文篇幅就越發冗長。即便說明詳細，使用者閱讀中仍可能產生漏失。一個特別的例子是關於汽車的觸媒轉換器。觸媒轉換器作用在於將汽車引擎運轉時產生的有毒氣體轉化為無毒無害的氣體，通常安裝作為排氣管的一部分。觸媒轉換器若要順利進行轉化，溫度通常必須高達攝氏 250 度至 300 度之間。所以，安裝觸媒轉換器的汽車會在使用說明書上註明，車輛行駛後應避免停在草地上，以免觸媒轉換器的高溫引發火災。但在台灣就曾發生過因為使用者沒有閱讀到該項警語，而引發火災致使車輛毀損。觸媒轉換器的使用限制確實有加註在使用說明書上，但是要從厚重使用手冊中注意到短短一小段警語，即便車商在使用手冊上已特別標記註明，還是可能會有部分使用者未能注意。

另外，使用說明書雖然能夠給予使用者該項產品所需的安全規範，但有些安全規範無法在使用說明書上明確記載。以汽車為例，汽車的使用說明能夠說明該車輛的車上相關設備使用及警示、如何正確使用車輛種種開關等事項。但是，駕駛人應具備的駕駛技術或應避免的錯誤習慣，不一定會記載於使用手冊上。例如通過水窪時，錯誤的駕駛習慣可能會讓車輛於行駛中打滑飄移，但如何避免錯誤的駕駛習慣卻不一定在手冊上可以看到。

雖然使用說明書存在上述可能問題，但使用前閱讀使用說明書仍然是可以促使安全預防落實的有效方法之一。

四 工程師的社會責任

上述內容，不論風險控管、安全防護、操作手冊的使用等，均為不傷害原則的實踐與應用。工程師和科技人員應該要積極創造更安全的使用環境及工作內容。這些需求不僅限於工程師對自身所在場合的責任，更包括身邊同事和同業。工程師需要（也應當）注意工作環境及內容，對自身與同事都儘可能保持專業內的絕對安全，如此才能對公司整體有所貢獻與助益。這些討論雖然像老生常談，但當工程師與科技人員仗著自己經驗豐富而掉以輕心時，意外往往就容易發生。

工程師對社會大眾具有一定責任。首先，由於工程師的養成歷程接受社會資源的高度挹注，相形之下，社會大眾也會要求以高度專業能力的展現。再者，工程師的專業常遠超過常識的理解，難以假普羅大眾的常識判斷以完成。當工程師沒有主動、積極盡到對產業安全防護的責任時，相當的災難也就容易釀成。以下我們舉出兩個例證，說明工程師因疏忽所造成的可能傷害有多麼巨大。

（一）印度博帕爾事件（Bhopal disaster）

因為工程師及公司的疏忽導致社會重大傷亡案例中，最常為人所提的是印度博帕爾事件。該事件的引發與美國聯合碳化物公司（Union Carbide Corporation，簡稱 UCC）和其附屬的聯合碳化物（印度）有限公司（Union Carbide India Limited，簡稱 UCIL）有關。該事件的發生也使人必須反省工程師及企業對於社會應該具有的責任究竟為何？

UCC 成立於 1917 年，在二次世界大戰後開始涉足不同領域，包括合金、工業用氣體、農藥、電子與消費性產品，並在全球各地設立化工廠。UCC 從 1969 年開始在印度投資，並與印度政府及銀行成立 UCIL。爾後 UCIL 在印度博帕爾地區設立大型農藥工廠，且在廠區內存放大量製造農藥所需的有毒物質。

根據資料顯示，約在 1984 年 11 月，博帕爾廠區內大部分的安全系統已呈現失效狀態，許多管路與閥門均有狀況不佳的現象。其中，編號 E610 的儲存槽內存放有超過安全規範的 42 噸 MIC〔異氰酸甲酯（Methyl Isocyanate）〕。12

月 2 至 3 日晚上，有水透過管線滲入 E610 儲存槽，導致 MIC 產生失控反應。爾後儲存槽破裂，約 30 噸的 MIC 於一小時內循破裂處散發到空中且形成氣體雲霧，之後朝東南方被吹至博帕爾的住宅區。當天晚上至少兩千人不幸喪生，後續死亡人數粗估達六千人以上。雖然印度政府立即成立應變醫療體系，但在事件發生地點有近 70% 的醫療人員不具合格處理能力，遑論對此災變能有適當醫療方式。

災難發生後各界隨即投入檢討，檢討發現 UCC 對於工廠安全的維護紀錄並不理想。除惡名昭彰的歷史外，博帕爾工廠在工安方面的問題也層出不窮。早在 1976 年該工廠就已爆發工人抱怨廠區汙染嚴重的怨言。1979 年，印度地方當局針對汙染曾警告 UCIL 應進行安全相關處置，但因對該廠真正掌控的是 UCC 而非 UCIL，所以工廠即便知道狀況不佳也沒有任何積極的改善作為。1981 年，一名工人觸碰到飛濺起來的光氣（$COCl_2$），恐慌之餘他脫下了面罩，導致吸入大量光氣的氣體，72 小時後不幸死亡。1982 年 1 月，因為光氣洩漏導致 24 名工人送醫救治，醫生發現受傷工人中沒有任何人被要求必須佩戴防毒口罩。一個月後，工廠的合成化合物 MIC 再次洩漏，造成 18 名工人受傷。同年 8 月，一名化學工程師與洩露的液態 MIC 產生接觸，造成他身體 30% 灼傷。同年 10 月，第四次發生 MIC 洩漏事件，領班與另兩名工人在試圖阻止洩漏時因嚴重暴露於 MIC 氣體中而受傷。1983 年和 1984 年，又分別多次有 MIC、氯、一甲胺、光氣和四氯化碳洩漏事故，有時甚至是複合式洩漏事故。然而，UCC 自始至終均輕忽事故的警訊。

除公司疏忽外，有學者指出 UCC 投資不足也是造成重大災害的原因。由於 UCC 資金不足，間接導致對工廠及員工在安全防護上的訓練不足。員工們所處的工廠環境採取不太嚴格的廠區控制，以及較為寬鬆的安全規則。印度籍的工人在語言不熟悉的狀況下被迫使用全英語的工作手冊，廠區內較小的機械故障或洩露也被告知無須更換維修。研究指出，1984 年事件爆發前，安全監督人員的數量幾乎少了一半，而安全監測的時間也拉長了一倍。[33]

---

[33] 除了前文提出的兩個主因外，有學者認為事件爆發的理由還包括美國與印度文化的差異。但是，UCC 提出兩個理由反駁：UCC 主張主因應該是員工怠惰，他們極力強調已經進行所有可能的防範措施，但是因為員工怠惰導致本來可以避免的災害變得嚴重；UCC 也宣稱這個理由被印度政府過度低估，以便能提高對他們的求償金額。另一個理由則認為，有員工挾怨報復，UCC 宣稱當天下午 E610 的數據都還正常，卻在短時間內突然失控，所以必然是離職員工的故意報復行為。不過，這兩個理由被接受的程度不高。

這類危安事件不斷發生，終於在 1984 年爆發博帕爾事件。事後，美國、印度政府、博帕爾地方當局和災民開始冗長的法律訴訟程序。1985 年 3 月，印度政府通過《博帕爾毒氣洩漏法案》（Bhopal Gas Leak Act），允許印度政府擔任災民的法定代表人。1986 年 3 月開始，UCC 提出解決方案。按 UCC 聘任之律師表示，UCC 願意提出 3.5 億美元作為賠償，並成立專門為博帕爾受害者準備之基金，以二十年的時間提撥 500 億至 600 億美元的處理經費。但是，印度政府拒絕該提議，並主張 UCC 美國公司應該立即提撥 33 億美元的經費進行賠償與災後處理。官司纏訟到 1989 年 2 月，該年他們支付 4.7 億美元，以解決因災難所引起的訴訟，並且復原因該事件所造成博帕爾地區的損失。

雖然 UCC 提出鉅額賠償，但是印度最高法院不斷收到民眾表達反對和解的請願。1991 年 10 月，印度最高法院維持原判之賠償金額 4.7 億美元，同時下令印度政府預備結算基金，透過團體醫療保險方式確保未來可能出現徵狀的 10 萬居民能獲得妥善醫療。法庭也要求 UCC 及其附屬 UCIL「自願」在博帕爾蓋醫院，專門治療博帕爾災難的受害者。UCC 接受這項要求。1994 年，UCC 不得已出售其在 UCIL 股份（其本來在 UCIL 持有 50% 股權），全部拋售用以興建治療受影響居民的醫院和研究中心。爾後，UCC 更被迫出售旗下品牌，包含永備電池。2001 年，美國陶氏化工集團（Dow Chemical）購買 UCC 所有股權，UCC 從此成為美國陶氏化工集團的全資附屬公司。此官司仍未完結，現時美國紐約法院仍然處理美國聯合碳化物所面對的一切法律責任，美國陶氏化工也仍被質疑著是否有責任為博帕爾災難進行善後工作。

博帕爾事件不是極端個案，而是眾多案件中幾乎傷亡最為慘重的一次。UCC 公司最終的結果讓我們必須思考：工程師的責任在哪裡？是要在事前就負起應該的責任？還是要在事件發生後表現後悔與無能為力？可能有人指出：針對該事件，單一工程師無法負起責任，而是應由 UCC 這間公司負起全責。但如前所言，工程師有必要為自己及同事創造安全環境，此安全環境亦可間接保護產業及其所在地區。不論如何，UCC 雖為公司，卻畢竟還是由許多個別工程師及科技人員所組成。

（二）天津碼頭化學倉儲爆炸案

2015年8月12日深夜，位於中國大陸天津港「8‧12」地區的瑞海公司危險品倉庫發生嚴重的連續爆炸。爆炸威力驚人，相當於24噸TNT炸藥的爆炸威力，其引發的震波遠在甘肅都能偵測到。中共官方最後公布的罹難人數為165人，其中有許多是不幸殉職的消防人員。

整起事件起因於倉儲企業的違規行為。發生爆炸的瑞海國際物流有限公司本來沒有存放易燃易爆危險品的倉庫，但在2013年興建危險品庫，2014年透過特定關係通過評估。到爆炸前半年，許多安檢未通過卻已然在運作。爆炸後，天津海事局宣稱該公司有數個貨櫃未通過檢查。至9月更是大動作起訴官員或相關人士至少11人，主要罪名均為瀆職，包括：收受賄賂壓下不合格檢查的行為等等。

該起爆炸案之所以如此嚴重，主要原因與存放的貨物有關。在倉儲的裝箱區內，危險化學品至少包括：鉀、鈉、甲酸、氯酸鉀、硫化鈉、三氯乙烯、氯碘酸、環己胺、硝酸銨、氰化鈉、氫氧化鈉、二甲基二硫等危險化學品40多種。由於爆炸威力巨大，瑞海公司辦公室也被摧毀，故無法確定登記相關資料。由於倉儲貨物登記與存放不實，未誠實告知的結果，使得前往搶救的消防隊員僅能以保守方式進行撲滅，卻引發更大的危害；且由於該爆炸案涉及多種化學物質，事後也引發對周邊環境造成汙染的疑慮。而爆炸造成的損失，光是貨物就至少損失15億美元，保險理賠可能需要支付達100億人民幣。許多建築物受到嚴重損害，例如：天津地鐵九號線的調度中心毀損、輕軌東海路站甚至無法修復而必須拆除重建；此外，爆炸也波及存放在倉儲旁邊的進口車，造成至少一萬輛進口汽車在爆炸中毀損。

從此事件可以看到，現代科技與工程的複雜度，強化此類事件發生後對社會的影響性；而具有專業能力的科技人員未能積極盡到自己的責任：管理階層怠忽職守，基層員工便宜行事。這些具有專業的科技人員因為沒有盡到自己應盡之職責，導致災情一發不可收拾，也證實了我們前面所提到，「工程師及所屬企業對社會擔負責任」這樣的觀點。

本章小結

我們透過若干篇幅討論工程師應當負起的責任，並且援引來自醫事倫理的不傷害原則作為討論基礎。基於工程與科技的技術極度專業化，並且已然形成複雜系統，工程師需要也應該透過對風險控管，積極修正錯誤及潛在危害，以營造更為安全的使用環境與使用方式。

確實，本章前面提到非專業人員潛在的危安因素，導致工程師能負的責任可能有若干抵消，但是工程師及科技人員對社會仍有其無可旁貸的責任。許多工程學會的倫理守則表達出：工程師有義務進行專業能力的強化及更優質的生活環境的創造，這些概念的援用不只為創造更多利益——雖然如此執行後或許能帶來更大的利益，更重要的是，這些行為最終屬於工程師及其所屬公司企業對社會大眾應負的責任，同時也是工程師、科技人員及其所屬公司企業展現倫理的實踐場域。為此，我們將在下一章探討（由工程師與科技人員所組成之）公司企業應該擔負起如何的企業社會責任。

第柒章

道德架構與社會責任

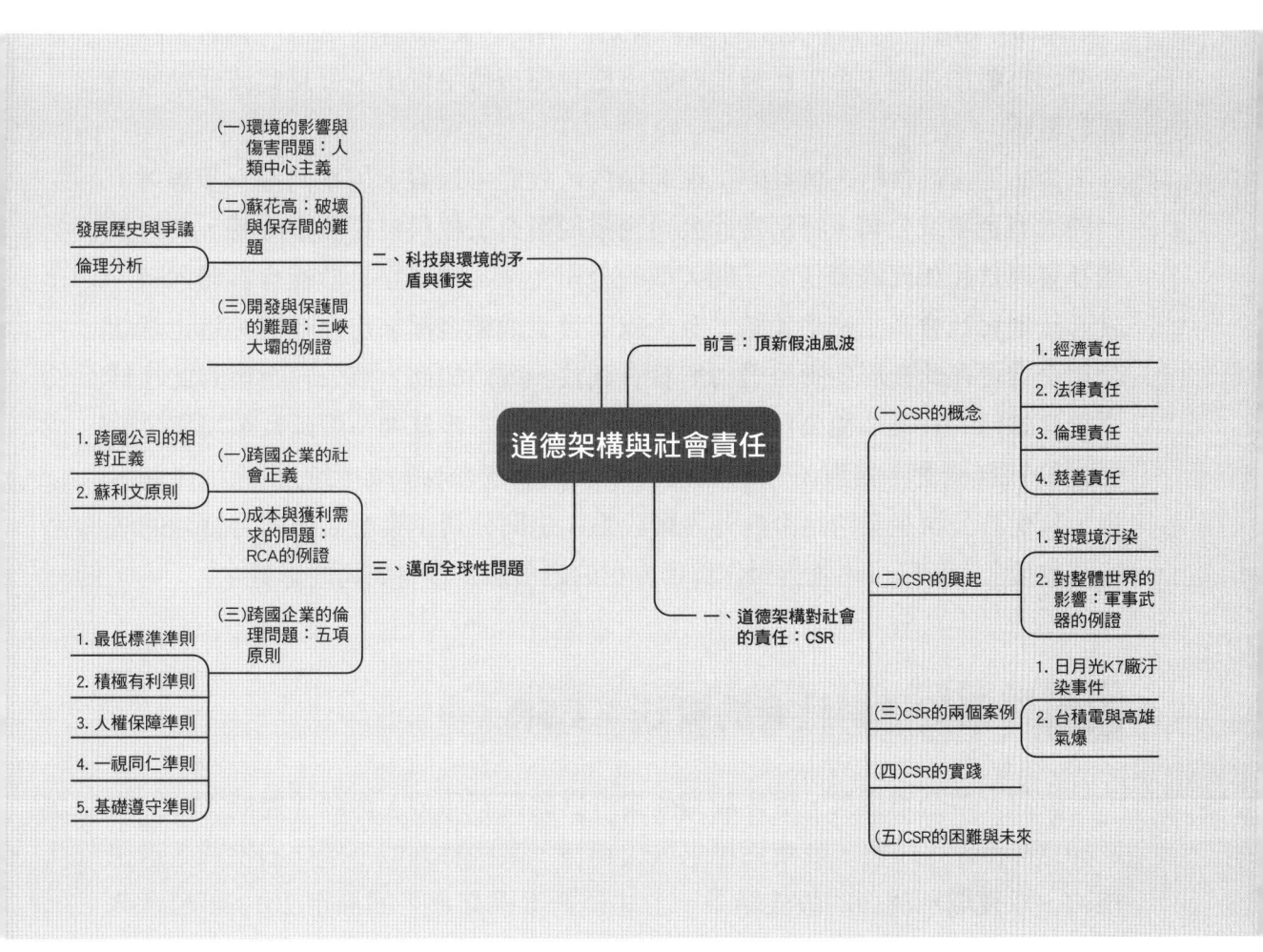

```
道德架構與社會責任
├─ 前言：頂新假油風波
├─ 一、道德架構對社會的責任：CSR
│   ├─ (一)CSR的概念
│   │   ├─ 1. 經濟責任
│   │   ├─ 2. 法律責任
│   │   ├─ 3. 倫理責任
│   │   └─ 4. 慈善責任
│   ├─ (二)CSR的興起
│   │   ├─ 1. 對環境汙染
│   │   └─ 2. 對整體世界的影響：軍事武器的例證
│   ├─ (三)CSR的兩個案例
│   │   ├─ 1. 日月光K7廠汙染事件
│   │   └─ 2. 台積電與高雄氣爆
│   ├─ (四)CSR的實踐
│   └─ (五)CSR的困難與未來
├─ 二、科技與環境的矛盾與衝突
│   ├─ (一)環境的影響與傷害問題：人類中心主義
│   ├─ (二)蘇花高：破壞與保存間的難題
│   │   ├─ 發展歷史與爭議
│   │   └─ 倫理分析
│   └─ (三)開發與保護間的難題：三峽大壩的例證
└─ 三、邁向全球性問題
    ├─ (一)跨國企業的社會正義
    │   ├─ 1. 跨國公司的相對正義
    │   └─ 2. 蘇利文原則
    ├─ (二)成本與獲利需求的問題：RCA的例證
    └─ (三)跨國企業的倫理問題：五項原則
        ├─ 1. 最低標準準則
        ├─ 2. 積極有利準則
        ├─ 3. 人權保障準則
        ├─ 4. 一視同仁準則
        └─ 5. 基礎遵守準則
```

▲ 圖 7.1

2014年一波對餿水油的查緝行動中，頂新集團旗下味全公司被發現長期購買劣質油品，並將這些原料加入市面上主要販售的一般食用用品內，長達八年之久。爾後更發現頂新集團將飼料油賣給正義油品公司作為食品原料，該油品經越南證實確為飼料油而非食用油。頂新集團的假油風波引發議論：這間大型企業公司居然在民生用品的大宗──食用油品方面詐欺消費者？一時之間興論撻伐，網路也發起拒買頂新集團產品活動。最終，頂新集團董事長魏應充被收押，且被具體求刑 30 年。2015 年年底，法官基於檢察官提出證據不足以認定被告罪刑，判決魏應充等多名被告無罪，但還可繼續上訴。一時之間社會輿論譁然，號召全民抵制頂新集團的「滅頂行動」重新開始，甚至出現到好市多（Costco）超市「秒買秒退」林鳳營鮮奶的舉動。從 2014 年之後，頂新集團在台灣因為虧損連連，至少已被迫將旗下松青超市轉手賣出，可見此波行動所造成的影響。

　　食品工程被含括在廣義的工程範圍內，我們可以假上述案例進一步思考：一間大型企業或公司，特別當此公司企業從事與工程科技相關事業時，其對整體社會應負起如何的責任？一間大型的公司企業，當其立足於社會群體內時，就必然地與社會產生密切連結：至少旗下員工或顧客都來自此社群。這也意謂公司企業會在此社群內獲得勞力與實質利益。既然如此，該公司企業對此社群應負有如何的責任？從公司企業與社群的關係進一步延伸，廣延及環境與生態更大的社群概念，其與所在的環境與生態之間應該保持如何的關係？再進一步，若是該公司企業跨足至海外設廠設點，這間公司企業應如何配合當地的法律及政策？而這間公司企業對作為世界村的經濟體又會有如何的影響？

一　道德架構對社會的責任：CSR

　　談到大型公司企業，或是談到商業行為的既有印象，俗諺「無商不奸」的貶抑意味濃厚。確實，商業為尋求最大利益，某些時刻似乎傾向犧牲特定道德規約，以獲取利潤面的最佳結果。上述頂新案例其實可回溯至 2013 年起台灣就已爆發的大統黑心油高振利案。無良商人為獲取最大金錢利益，使用回收廢油甚至動物屍體，提煉品質不良的油品，再販賣給食品相關商家。最為人詬病

的，若發生事件只為一般小型商家或加工廠，或許還能解釋少數投機份子短視近利的作法；但在一連串爆發出來的黑心食品案中，竟不乏多起具有社會知名度的大型企業。

商業總是與利益扯上關係，但許多大型科技或工程公司同時也是大型商業企業和巨型公司。所幸，已有越來越多大型企業發現這些因為一味的追求利益所可能導致的短視問題，並以企業能夠達到永續經營的目標來對商業倫理或企業倫理應有的關懷面向進行相關研究與思考。

（一）CSR 的概念

企業社會責任（Corporate Social Responsibility，簡稱 CSR）雖然日漸受到重視，但內容仍略微模糊。卡洛（A. B. Carrol）及布許赫茲（A. K. Buchholtz）提出兩種早期對 CSR 的定義：1.「公司社會責任是認真思考公司行為對社會的影響。」2.「要求個人就整個社會系統去思考他（或她）的行為，對自己在該系統內的所作所為負責。」[34] 楊學政於著作中提到多位學者的討論後提出簡單定義：「……融合了商業經濟與社會價值，將所有利益關係人的利益，整合到公司的政策及行動之內。」[35]

上述定義概略指出 CSR 的重要性，並指出其包括個人、公司企業與社會大眾等多方面角度。雖然 CSR 有其重要性，但是 CSR 重要到什麼程度，甚或公司企業應如何重視 CSR，學者間仍存有不同意見。反對者的意見大致有兩種：第一種採取經濟學概念，主張一間公司的存在是為了創造更大的利益，所以 CSR 對一間公司來說是不必要的，因為 CSR 會讓這間公司無法專注在創造更大利益這個本屬公司本質的事務上；另一種對 CSR 的反對，來自認定其屬於公司變相賄賂居民的手段，特別一間容易造成當地居民汙染與環境破壞的公司，似乎可以藉由提供回饋這種被認定是 CSR 的手段，進行變相賄賂以擺脫（汙染的）責任。上述兩種誤解現在逐漸受到釐清：CSR 作為一間企業對社會應負的責任，正是該企業倫理的外在呈現。

按卡洛及布許赫茲的分析，一間公司要能夠具有 CSR，在實踐上有四個主要部分與責任（或說層次，因為卡洛以金字塔的概念將四個層次由下而上依序

---

[34] 卡洛與布許赫茲著，莊立民編譯，《企業倫理》，台北：全華圖書，2006.9，頁 32。
[35] 楊學政，《企業倫理》，台北：揚智文化，2006.4，頁 112。

堆疊，而四個部分看上去似有若干先後次序）。四個部分分別是：[36]

1. **經濟責任**：一間公司作為經濟機構，最基本的目的在於獲利。但在獲利的項目中仍然包括應該符合的公平與正義。一間公司要能以公平客觀的價格進行銷售，而公平客觀的概念應指社會能夠認為該價格可忠實反映出此商品的價值。

2. **法律責任**：公司除獲得利益外，對整體社會也具有一定的法律責任。一間公司在其所在地應遵守在地的總總法律規範，雖然法律可能會因實際狀況產生實踐上的落差，但通常法律也往往無法處理新科技或新工程所造成的一些專業性的問題；若是遇上立法者的偏頗，以及特定政治利益立場時，更有可能遇見執法過程的阻礙，但無論如何，基於社會與公司間無形契約的信任，原則上公司必須遵守整體社會所認定且具有權威力量的法律。

3. **倫理責任**：企業對整體社會負有應盡之倫理責任。如企業在決策時，有可能會面對合法但不一定符合道德的選擇。社會大眾容易傾向認為，一間公司企業的好壞不只在於利潤的多少或有無守法，更看重該公司於特定議題上是否採取符合倫理的作為。後面我們探討跨國企業時將提及，大型跨國公司在前進不同國家時可能遇到透過法律制訂以維護不道德情事的狀態（如：南非曾以法律保障種族隔離的不平等政策），這些都屬於企業應負的倫理責任。

4. **慈善責任**：社會大眾對於公司的期望，在上述三者被滿足時，該公司原則上能受到基本的認可。第四類的慈善責任是指，在前三者之外，一間公司自願或無條件為社會做出的特定付出，這些付出往往沒有回收實質利益的機會。慈善責任類似於一間公司的超義務行為，這些行為不是常人所期望或要求的，並且超乎一間公司應該付出的。例如：台灣的仁寶電腦公司在 2012 年提供上千台平板電腦給偏鄉地區學童使用，即為一例。

一間公司的 CSR 應該包含上述四者的任一層面。為此，卡洛與布許赫茲提出 CSR 的公式：

$$經濟責任＋法律責任＋倫理責任＋慈善責任＝企業所有的社會責任$$

---

[36] 卡洛與布許赫茲著，莊立民編譯，《企業倫理》，台北：全華圖書，頁 38-45。

卡洛及布許赫茲提醒我們：沒有完美的公司能負起完美的 CSR，但每間公司所擁有的具體實踐總和就是一間公司 CSR 的呈現。換言之，一間公司應盡力賺取利潤、遵守法律、合乎倫理，以便成為好的企業公民。

一個最佳的 CSR 案例與汽車大燈的技術突破與分享有關。美國從 1920 至 1930 年代，因為夜間行車與照明緣故的事故率從 33% 大幅提升至 56%，這是因為車頭燈有兩個問題：其一是車燈內的鍍銀容易因使用時間長而失去本有光澤，另一個問題則是燈泡內部的燈絲與安裝位置產生照明效果落差。1937 年，奇異公司（General Electric，簡稱 GE）車燈照明實驗室的工程師羅波（Val Roper）在照明工程學會的會議中發表了改善方式：包含改善過的玻璃燈罩、全新且能避免高熱的聚焦燈泡技術，最後組合成為現在車輛使用的密閉式光束車燈；改良過的車燈在夜間照明能得到極佳的效果。美國汽車製造協會與其他單位在發現這項技術後，先是舉辦展示會，爾後促使美國政府在 1939 年通過新的標準與規格。這個案例有趣的地方在於，該項技術本來為奇異公司所獨占，但基於對使用者與社會大眾安全的保護，奇異公司將這項技術推廣到全美的汽車工業和製造商，甚至允許其他公司詢問自己的工程師此相關技術。同時也與美國政府合作，協助官員正確掌握技術並理解使用方式。經過奇異公司大公無私的作為，此後夜間的行車安全得到大幅的提升，這就是 CSR 的呈現，這種呈現也使奇異公司成為良好企業公民的典範。

就台灣的實踐來說，CSR 較容易被強調偏向在第四類的慈善責任，在實踐上也傾向同時結合官方與民間力量。例如：經濟部建立有台灣企業責任網站，提供案例與成果；許多民間企業也於官方網頁提供 CSR 的相關資訊。

（二）CSR 的興起

雖然 CSR 在現代社會與企業為耳熟能詳之概念，但真正實踐時間卻不如我們所想的長久。CSR 的興起與出現，和科技、工程與整體社會，甚至全球人文經濟環境均有關聯。一間大型科技或工程公司，影響範圍小則一整個地區，大則可能影響到國家、一個洲，甚至全球環境。我們用比較極端的例子說明：2011 年發生的福島核災。

福島核電廠在 311 大地震發生時歷經停機與斷電，之後爐心熔毀。在缺乏冷卻水的情況下，又發生數次爆炸事件。該事件發生後，日本政府疏散周邊

居民。現在周邊雖有部分區域開放居民回家鄉居住，但是福島地區幾乎成為荒城，缺乏生機。

除電廠爆炸導致的居民遷移外，福島核災對周圍鄰近國家也產生極大影響。與日本鄰近的地區，包含俄羅斯、韓國、中國大陸與台灣等地，在核災發生後密切監控輻射數值。部分地區居民因為擔心輻射感染，大量搶購防災用的碘片，造成碘片缺乏。由於大量使用海水作為冷卻，福島附近海域受到輻射汙染，專家也因此建議不應繼續食用附近海域捕撈的漁獲。此外，因為無法確定核災地點農產的安全，部分國家地區禁止福島出產產品進入。台灣也曾因為輸入福島地區生產作物引發社會關注。直到 2013 年，冷卻福島核電廠的汙水仍在持續外洩，究竟對整個生態與環境會產生多麼劇烈的影響，專家們仍在持續關注中。

福島核災讓我們再次面對「地球其實沒有我們想像那麼巨大」這樣的事實，也讓我們認真思考科技與工程（及其公司）對整體社會甚或全球人類負有如何的 CSR？

1. **對環境汙染**：科技與工程對於環境破壞的問題，是公司企業發展產品時就需要主動面對的。環境汙染與對環境破壞這兩個概念之間存有若干區別：前者特別指因工程與科技的汙染品或廢棄品致使環境及生態受損；後者較偏向透過工程與科技對環境產生重大的改變。此處特別提出汙染品或廢棄品致使環境及生態受損的情況。

   許多科技產物的生產或工程建造的過程中都會產生無法再利用的副產物。這些副產物有些帶有劇毒，長期接觸或堆置會產生環境汙染的危害。以石棉為例，其開採與使用的歷史長久，與一般民眾生活關係密切，舉凡屋頂、絕緣材料或煞車裝置等均與石棉有關。但是石棉生產過程會對人體造成極大傷害。1970 年代世界衛生組織（World Health Organization，簡稱 WHO）發現，吸入肺部的石棉粉塵會引發因肺部纖維化而形成的肺塵病，更進一步將引發胸部惡性腫瘤。日後各國均紛紛開始對石棉的使用進行若干禁止。

   這類對環境汙染的狀態尚屬於可被防範之範圍，但還有部分環境汙染可能確知將對未來產生的影響，但其嚴重性目前仍僅能受到推測。2015 年 11 月，全球第二大鐵礦生產商 Samarco Mineracao 位在巴西米納斯吉拉斯州（Minas Gerais）存放洗礦廢水的水壩潰堤，造成超過 200 個村莊受害。超

過 400 個標準游泳池的水量傾瀉而下，含有重金屬的泥漿淹沒大約 10 個足球場大小的範圍。這次災難至少造成 17 人死亡與 45 人失蹤，經濟損失預估高達十億美元。而大量廢水流入多希河（Rio Doce）後，將衝擊格龜產卵地所在的自然保護區。專家預估，經歷過這場生態浩劫後，當地至少要十年才能恢復原本面貌。但這種估計還是預估的結果，因為沒有人能說得準這些洗礦汙水會帶來如何的後遺症，也沒有人能保證當地其他相同儲存洗礦汙水的水壩不會重演潰堤的災害。

2. **對整體世界的影響**：科技的發展到最後影響不會是單一公司或人員，而是對整體世界產生巨大影響。例如：軍事武器是對世界強大影響的科技產物。為能保護國家安全與社會安定，許多國家發展能捍衛領土的各型武器。冷戰時期美、蘇兩國為達成恐怖平衡與戰略地位，發展出各種軍事武器，這些武器對世界產生甚為巨大的影響。舉例而言，解體前的蘇聯利用境內鐵路網絡的優勢，將「SS24 手術刀」這款可以裝載 10 枚核子彈頭的戰略飛彈安置在列車上，組成機動性強大的飛彈列車（名為「死亡列車」）。每個彈頭爆炸力量達到 10 萬噸 TNT 炸藥的能量。該列車一共由六節車輛組成，但第一節至第三節車輛均為編號 M62 的柴油車頭拉動。這款車頭若用在和平的用途，為蘇聯時代載送客貨的主力車輛；但用在戰略上，卻能因為蘇聯鐵路網的發達，致使冷戰時期蘇聯可以從東起海參崴、西至波蘭境內，向全世界發射核彈彈頭。

美國在冷戰時期也進行過類似的戰略部屬，例如：諾斯洛普公司（Northrop Corporation）於 1955 年推出一款 F-5 型戰鬥機，因為甘迺迪總統提出的「軍事支援計畫」（Military Assistance Program）大受歡迎。按照這項援助計畫，美國將需要提供成本較低的戰鬥機給開發中國家，使他們也成為自由民主陣營的一員。所以，從 1964 年挪威購入第一架 F-5 型戰鬥機開始，到該系列最後一架戰鬥機出廠為止，一共生產超過 2,100 架，至少有 35 個國家使用這款戰鬥機為主力或二線作戰機種。其中中華民國空軍更為此款機種的最大用戶，從 1970 年代購入第一架開始，F-5 相關系列的機種就一直為主力作戰武器，直到現在仍被繼續使用。

軍事武器的存在考驗一個公司存在的 CSR 問題：這種發展科技的方式合乎道德嗎？單純就企業利潤而言，軍事武器的發展存有無法想像的龐大

利益。以美國最新的 F-22 猛禽式戰鬥機為例，2003 年正式移交給美國空軍時，一架飛機的成本高達 3.61 億美元。同樣一筆金額，究竟拿來發展高科技軍事武器較好，還是用來發展教育未來更佳（這個金額差不多與台灣大學一整年的預算相近）？還是用來照顧社會上的弱勢？還是反其道的向國際進行人道救援工作……；這是此類科技問題產生的困境。

上述兩種面向的問題，或只涉及冰山一角，對一間大型工程與科技公司而言則屬必然要面對與思考的問題。諸多問題背後均與 CSR 相關。為此，下面我們透過兩個例證說明 CSR 對一間公司的重要性。

（三）CSR 的兩個案例

CSR 在台灣已推廣日久，許多大型公司均有類似的實踐工作。以經濟部在台灣企業責任網站上所提供的案例，舉凡綠能環保、員工福利等廣泛的議題均可被放入 CSR 的探討。即便如此，台灣的大型企業在實踐上仍有落差。此處我們舉出兩個案例來探討一個公司的 CSR 應如何實踐。作為反例，半導體公司日月光的 K7 廠造成嚴重汙染，不符合社會對這間大型公司 CSR 的期望；作為正面例證，台積電在高雄氣爆後伸出援手，協助災區重建，貫徹該公司於官方網站上倡導的 CSR 理念。

1. **日月光 K7 廠汙染事件**[37]：日月光公司為 1984 年成立的高科技公司，主要提供半導體晶片封裝與測試服務，包括晶片前段測試及晶圓針測至後段之封裝、材料及成品測試的一元化服務，為該產業全球最大的封測廠商。

   由於日月光為高科技產業，產生之工業廢水特別容易含有重金屬。高雄市環保局從 2011 至 2014 年間，多次查到日月光 K7 廠排放不合標準之工業廢水。2013 年，因為電影《看見台灣》空拍到後勁溪受嚴重汙染，導致社會大眾對此開始特別注意。該年 11 月稽查人員抽查後勁溪德民橋下方溪水，發現酸鹼值高達 3.02。由於德民橋與楠梓工業區接近，故稽查人員轉向調查日月光 K7 廠。之後在 K7 廠放流池採集水樣中，發現 pH 值為 2.63，但採樣槽

---

[37] 關於日月光 K7 廠的汙染問題：若要瞭解日月光該企業公司，維基百科的資料已足夠使用。但是，關於其汙染的相關問題，主要記載者為台灣環境資訊協會和苦勞網的相關資料。高雄市政府環境保護局的官方網站上可以「日月光」為關鍵字，尋找到會議與稽查紀錄。另外，關於行政責任或調查經過，則可在監察院官方網頁上查詢資料，包含糾正案文與調查意見均可找到電子文件。

pH 值卻為 7.06。日月光表示，因為放流池感應器故障，讓洗滌酸流入，才導致 pH 值下降。雖然日月光方面表示應為機械故障，而非故意以自來水混充放流水供採樣，環保局仍然針對此事裁罰罰鍰新台幣 60 萬元，並將日月光負責人張虔生依公共危險罪移送地檢署偵辦。

至 12 月時，稽查人員擴大偵辦，調查 K5、K7、K11 等廠設施，發現 K7 廠另設暗管。日月光排放的廢水酸度極高，其中含有重金屬鎳。由於後勁溪為此區主要灌溉水源，故環保人員認為此舉將會汙染梓官、橋頭等區農業用水，造成農產品含鎳。按照醫學研究報告，人體若食用過量含鎳食物，可能引發肺癌及攝護腺癌等多樣病變；若是農田遭受含鎳等重金屬汙染，恐有需要長期休耕之虞。除了農作物之外，由於後勁溪與附近區域地下水層有密切關係，亦可想見這般汙染對於該區地下水層的嚴重影響；特別當地養殖漁業也常需抽取地下水，日月光的汙水恐也將導致魚產同受重金屬的汙染。為此，高雄市農業局和海洋局於 2013 年 12 月採樣農作物與漁塭集水樣本，並要求暫時禁止採樣的農產品和漁產品出貨。

即便如此，日月光依然堅稱此次事件為單一異常事件，並強調絕對不會蓄意排放汙水。為消除社會大眾疑慮，日月光公開道歉，對失職人員加以懲處，並保證不會再犯。儘管上述危機處理後，輿論對該企業仍持續議論，包括該公司年收新台幣 2,000 億元卻在屢抓屢犯的情況下僅受罰新台幣 60 萬元，加上關廠調查期間日月光暗示停工可能造成 5,000 名勞工失業，引發社會相當負面的觀感……。事後高雄市政府要求日月光應賠償高雄市 2.64 億元，連帶要求需須負責將後勁溪恢復原貌。直到本書撰寫期間，相關訴訟仍在進行，尚未定讞。

儘管如此，2014 年 4 月日月光工廠終於在高雄市環保局的同意下進行復工測試。同年 6 月，高雄市環保局提出有條件限制下接受復工，同年年底全面恢復生產——雖然這些決定仍然受到居民及環保團體的抗議。

從工程倫理的角度來看，該事件是典型工業汙染破壞環境的案例，也是 CSR 實踐的負面教材：

(1) 從效益論的角度來看，日月光為追求公司組織的獲利效益最大化，多次排放廢水，以節省汙水處理的成本來提高獲益比，卻直接犧牲了附近居民

的權利。雖然此舉確實達到組織利益的最大化，但終導致極為巨大的負面效果；雖然罰金對其而言幾乎是九牛一毛，但所損及的國人觀感、國際商譽，恐遠超過於企業內外對本身經營的善的期望。故就效益而言，其帶來的負面效益實遠大於正面效益。

(2) 從義務論角度來看，排放汙水對人及環境造成極大傷害，不但沒有做到主動追求「善」的道德義務，連無關道德的最低標準也構不上。

(3) 從德行論的角度來看，如何能正確達到社會最大期望，如何在營運的過程中達到能力卓越的目的，是應該被考慮的。從 CSR 的角度來看，日月光公司的排放汙水並不符合它對社會應盡之道德義務。從上述 CSR 的四個要求層次來看：

 i. 日月光在最基礎的經濟責任層次，符合擴大營業與行銷的目標。

 ii. 就第二層次法律責任來說，沒有達到排放汙水違反環保法規。

 iii. 從第三層次的倫理責任來說，破壞環境明顯違背社會大眾對環境倫理的要求。

 iv. 第四層面慈善責任，我們不排除日月光公司曾在一些社會公益與慈善面的關注；但至少在這個案例上，作為一間巨型的國際企業，該公司的慈善責任是相當負面的示範。

為此，我們可以說日月光的汙染事件屬於 CSR 的負面案例。

2. **台積電與高雄氣爆**[38]：台積電在 CSR 的部分，於官方網頁上如此說明：[39]

  台積公司身為全球最大的專業積體電路製造服務公司，深知當企業規模愈大，對產業、社會的影響力也將愈深。我們重視道德、遵守法治，希望能以自身的經營建立永續典範，成為社會向上的力量。

  企業的社會責任是「讓社會更好」，為了更有制度地落實企業社會責任，我們在 2011 年成立「企業社會責任委員會」，由各功能組織推派代表，每季定期回報與員工、客戶、股東、投資人、社區、供應商、政府等利害關係人的互動情形，掌握他們關心的議題及趨勢，為所有利害關係人創造價值。

---

[38] 關於台積電在高雄氣爆期間所盡的 CSR 與表率，主要報導者仍以報章雜誌為主。
[39] 該宣言請見台積電官方網站：http://goo.gl/u3PrB1。

身為綠色製造的領導者，台積公司不斷精益求精，自 2000 年成立綠色工廠委員會以來，全公司總計推動 228 個環境保護計劃，除有效降低每單位晶圓面積的能源、水使用量及廢棄物產生量外，也為公司帶來超過新台幣 36 億 8 仟萬元的經濟效益。同時，我們也要求供應商建立與台積公司同樣標準的環境管理系統，為全球半導體打造綠色供應鏈。

台積電秉持這樣 CSR 理念，除將企業責任直接建置在官網第一頁外，過去多年努力也成為經濟部企業社會責任官網上的焦點案例[40]。

台積電 CSR 的展現，最為人印象深刻的救助之一為 2014 年高雄氣爆案。高雄氣爆發生後，台積電董事長張忠謀動員協力廠商（包括達欣工程、互助營造及其下游包商）進入災區，提供比金錢援助更為實質的維修與物資幫助，並協助受災戶修復損壞的住家，甚至修復社區道路。根據媒體報導的時間表，氣爆後兩天，即 8 月 4 日之時，台積電董事長夫人暨志工社社長張淑芬前往高雄慰問員工親戚家屬，並實際瞭解災區損害狀況。台積電派員瞭解災區的作法就是派員實際挨家挨戶勘查，以一週時間登記損害並備妥重建材料。同一天，台積電內部「台積 i 公益」平台開放員工自由捐款，並在隔天派出專家與志工團隊前往災區開始協助維修。由於災區損害面積頗大，台積電從 8 月 11 日協調協力廠商及員工，以八天時間加速趕工，快速修復許多受損房屋的門窗（甚至牆壁）。根據台積電於網站提供的統計數據，至 9 月底已投入超過 3,000 人次與 300 輛以上的工程機具及車輛，協助回填一心路的若干路段，搭建臨時便橋 5 座以及臨時道路 4,576 公尺，修繕房屋近 400 間。至 10 月份才正式完成修繕工作，撤出災區。

台積電的 CSR 展現出它如何透過專業能力有效率的回饋於社會群體，以及事後不居功，默默回饋的行動上。一開始台積電和協力廠商總計畫預算為新台幣 8,000 萬元，當重建工程接近完工時概約花費為 7,750 萬元，可見其計畫在評估花費方面的精準。台積電每天進行報表核對，包含工人出勤與材料使用均公開透明。台積電人員也並非只有進駐災區協助，而是在維修前就先進行評估。開始維修前台積電調來全台只有 15 台的靜壓式打樁機，避免因為道路工程或圍籬架設等打樁工程而影響到危樓。除對災區居民提供貼心

---

[40] 該次案例主要討論台積電打造綠色工廠的成果，並榮獲第一屆台灣「綠色典範獎」。

服務外,為能有效完成工作,台積電採用許多特殊創新方式。在和政府單位協調後,高雄市政府也提供更大彈性空間給予台積電。所以工程進行中,台積電提高工人薪資、成立報案中心,並優先提供與安全或生活直接相關的維修,維修後亦進行品質檢查。甚至每日發送飲料貼給工人,讓工人能到災區附近店家兌換,提升店家生意。

感念於台積電出人出力,受災區事後期望將路名或公園名以「台積電」命名之,卻被張淑芬女士婉謝。她表示,災後不是只有台積電進行協助,是眾多公司同心協力的結果。一方面雖然為事實,但另一方面卻也看出該企業在 CSR 上的執行成果:因為其一呼百應,補足公家機關行政上受制法令,無法有更高效率的景況。

(四) CSR 的實踐

台積電的例證是 CSR 實踐的眾多方法之一,但是並非所有 CSR 在實踐上均採相同模式。這是因為 CSR 是一個抽象概念,在具體實踐上會基於公司企業的組織文化、產品特性,以及技術研發、經費限制等產出不同的實踐內容。以下舉兩個例證,說明 CSR 在實踐上的落差。

第一個例證來自以發展電動巴士系統與磷酸鐵鋰電池正極材料的立凱公司(Advanced Lithium Electrochemistry (KY) Co., Ltd.,蓋曼立凱電能科技公司)。其生產之電動巴士,估計每年可以減少 128 公噸的二氧化碳排放量及 5 萬公升的柴油使用量,該公司並與西門子(Siemens)電機技術合作,打造出全台灣第一輛「低地板換電式電動巴士」。該公司在 2014 年 7 月與花蓮太魯閣客運簽署合作備忘錄,所以花蓮太魯閣客運將採用立凱公司搭載電車最高規格之西門子馬達的全電動低地板公車,配合花蓮縣政府籌劃「太魯閣國家公園空氣品質淨區」,達到節能減碳、環境保護的目標。此外,該公司也極力與世界各國合作,推廣節能減碳的電動巴士。因為其企業理念為「人類安全與環境友好」,所以從原料採購、生產、包裝,甚至產品回收,都秉持「零廢棄,全回收」的目標。該公司也為此於 2014 年 8 月正式成立「企業社會責任(CSR)委員會」,推廣綠能材料與節能省碳。[41] 該公司企業確實實踐了 CSR,但他們所

---

[41] 關於蓋曼立凱電能科技公司的資料與報導,來自經濟部工業局:「產業永續發展整合資訊網・企業社會責任」網頁上,位址:https://proj.ftis.org.tw/isdn/Application,該公司為網站焦點案例之一。

執行的方式基於其產業特性，不一定容易為一般民眾所熟悉或認知。然而，節能減碳的綠色工業確為 CSR 努力的目標之一。

第二個例證強調，因為 CSR 屬於公司對於社會責任的呈現，所以採取的方式為對所在地進行回饋。以中國石油公司為例，其在官方網頁的 CSR 專業中指出，中油所採取的態度為「中油公司社會貢獻的特色是以『敦親睦鄰』、『社區發展』、『關懷弱勢族群』、『提升社會善良風氣』為付出焦點。尤其『敦親睦鄰』方面，我們除了下列的敦親睦鄰活動外，本公司遍布全台的便利加油站、永安鑽石水更是發揮最高、最完善的敦親睦鄰之最佳橋樑」。由於中油在部分地區設有煉油廠，故在這些地區提供若干獎學金來嘉惠在地學子。例如 2012 年中油就在桃園地區頒贈獎學金超過新台幣 150 萬元。[42]

上述兩個例證指出，CSR 不一定具有固定方式，但當其實踐時必能對社會或所在群體造成若干可見或不可見，以及直接或間接的效益——不論該效益為物質的，或者是未來才能看見的成果。

（五）CSR 的困難與未來

雖然我們不斷強調 CSR 非常重要，但並不代表一間公司企業堅持 CSR 就能一帆風順。因為 CSR 所堅持的，可能與業界經營的利益傾向彼此衝突，義美公司的產品「義美熟香腸」就是一個例證。

為了讓香腸有好賣相，延長保存期限，並且美味可口，部分食品公司會添加色素與亞硝酸鹽在香腸內。2015 年 10 月，世界衛生組織發布警訊，表示長期食用加工紅肉，包括香腸、火腿或熱狗，會增加罹患大腸癌之風險。此訊息公告後，引發國內消費者緊張。確實，亞硝酸鹽食物對人體有不好影響，如果和含胺類食物一起食用又容易在人體內產生致癌物質亞硝胺，長期食用將對人體產生危害。雖然衛福部明文規定香腸添加亞硝酸鹽的標準是 70 ppm，國內大部分業者都已遵守規範，但對香腸的恐懼心理卻已經成形。

與此同時，義美公司推出「義美熟香腸」販售，該產品強調不添加亞硝酸鹽，甚至不添加色素、味精或防腐劑。但是，當社會大眾檢視時才發現，該產品早在 2004 年已經上市，然而因為不添加上述化學成分，導致香腸看起來顏色偏暗。為此，該產品「三上三下」：前三次販售成績不佳，在門市推廣也沒成

---

[42] 參見中油 CSR 之官方頁面：http://new.cpc.com.tw/csr/Home/。

功。該公司相信，總有一天消費者將認同公司理念，但他們的繼續堅持卻在多年之後才出現商機。

義美公司推出健康安全的食品，符合 CSR 之要求。但是從這個例證也可看到，CSR 無法一蹴可幾，需要時間的驗證。我們從許多例證可以看到，CSR 需要長時間默默耕耘，才有可能獲得社會認同。然而，一如老話「堅持做對的事」，唯有當公司企業認同自己就是社會中之一份子，CSR 才有可能真正落實。

二　科技與環境的矛盾和衝突

現代科技日新月異，但是科技發展的過程卻為自然環境帶來極大的破壞。許多工程與科技發展基於人類中心主義的理念，相信人類是世界的主人，認為人可以對大自然任意妄為，以致在工程建設上或科技發展中，產生許多與環境永續彼此衝突的決定。

（一）環境的影響與傷害問題：人類中心主義

環境倫理學中有三種對環境的觀點，三種觀點均來自於對人的價值的延伸思考。其中，人類中心主義的核心價值強調人是世界的主宰，世界是為了服務人所以存在。更進一步地說，人類中心主義有四個特點，並且因與工程或科技有關而常被強調：[43]

1. **人是自然的主人和所有人**：人因為具有高度的理性能力，認為自己的存在價值與地位遠高於其他生物，進而認為自己可以操控大自然，並進入大自然奪取所需要的資源。在此觀點，人類與大自然的關係是主僕關係。
2. **人是一切價值的來源，大自然對人只有工具性的價值**：由於強調人的特殊性，所以人類中心主義認為人擁有比自然更尊貴的身分地位。大自然是用來服事人的，人向大自然取用資源是自然而然的事。
3. **人類具有優越性，超越自然**：自然對人是一種工具，那麼人的地位就比自然更高，也更為優越。

---

[43] J. Des Jardins 著，林官明、楊愛民譯，《環境倫理學》，北京：北京大學出版社，2002.10，頁 106-120。

4. **人類與其他生物沒有倫理關係**：人類有理性，理性區分出人與生物間的差別。人的地位優於其他受造物，所以無須為人以外的受造物負上道德責任。就像醫事科技中的小白鼠一樣。對人類來說，這些小白鼠的犧牲就成為必要的犧牲。

由於過度強調人類中心主義，部分人們因此產生幻覺：覺得自己對所處的環境沒有負責的必要。這種主張在近年來棄養動物與工程開發中越發彰顯，忽略環境因為破壞而可能產生的連帶效應。

當然人類中心主義並非完全拒絕對環境的保護。基於脣亡齒寒的概念，部分人類中心主義的後續發展開始重視環境保護，但是當科技發展到一定程度時，影響環境所及，很多東西會連帶產生本質上的改變，而不再能以自然的方式或簡單的方法處置或改變。以「超級雜草」為例，雖然這可能還僅僅是想像中的物種，卻已經引發部分人士的恐慌。「超級雜草」是指經由基因改造而野化的植物。原本除雜草時可被輕鬆以除草劑根除的雜草，因為與基因改造過之植物交配，產生出無懼於除草劑的超級雜草。部分農民宣稱，他們已經發現類似的植物，雖然學者認為其可能性甚低。

超級雜草與基因工程的疑慮，僅是人類中心主義與環保間爭議的冰山一角。現代化工程和科技對環境的破壞遠比想像來得嚴重，特別是在環保與開發間的爭議拉鋸更為如此。以下透過蘇花公路與蘇花高建設的爭議來討論，工程對於環境可能的影響，以及工程、環境、開發和人民權利間的矛盾關係。

（二）蘇花高：破壞與保存間的難題[44]

要前往花蓮，最主要的公路設施就是蘇花公路。現在的蘇花公路北起宜蘭縣蘇澳，南至花蓮縣的花蓮市，全長118公里。早在1874年就已興建蘇花古道，日治時期也曾整修拓寬。1949年之後正式稱呼為「蘇花公路」。蘇花公路早年為單線通車，且設有通行管制站。1980年代開始逐步拓寬，1990年開放

---

[44] 關於「蘇花高」、「蘇花改」與「蘇花替」的資料，官方文件特別是〈台9線蘇花公路山區路段改善計畫〉文件，可在交通部公路總局蘇花公路改善工程處提供工程建設計畫的資料下載區取得。此外，公路總局網頁上設有蘇花公路改善工程環境監測網，該頁面也提供環境影響說明書與監測報告的下載與檢視。另外，若查詢環保署環評書件查詢系統，可查到對〈台9線蘇花公路山區路段改善計畫〉的環評計畫報告與會議紀錄。除官方資料外，民間資料，特別是反對意見可參考台灣環境資訊協會、台灣環境保護聯盟、台灣生態學會、綠色陣線協會的網站。民間資訊除了反對者外，也可查詢到若干支持的聲音。

雙線通車。現在雖然已雙線通車，部分路段甚至有四線道之寬廣道路，但地理條件的惡劣卻是有目共睹之事實。蘇花公路所在位置因為濱海，路面山壁時常風化，又因侵蝕作用旺盛，導致岩石嚴重風化剝落。每逢大雨後路基掏空，容易發生土石流造成道路中斷。即便路況良好，該路卻也因沿山壁開鑿，路線蜿蜒，多處急彎和陡坡，因此還曾被選為世界著名危險路段之一。公路局雖多次想改善，卻受限於自然環境，導致改善困難，也致使道路雖時常維修，仍具相當危險性。

近年來由於極端氣候強化，蘇花公路原本就已破碎的環境受到更大衝擊。2010 年 10 月，梅姬颱風外圍環流與東北季風共伴影響，宜蘭縣蘇澳鎮及南澳鄉降下超大豪雨，蘇花公路（特別在台 9 線 112 至 116 公里）路段遭到大量土石崩塌沖毀，造成大小車輛約 30 輛、500 多人一度受困。其中創意旅行社來自中國大陸的旅行團疑似被土石流沖刷入海，更造成 26 位罹難者。該事件使延宕多時的蘇花高速公路計畫（簡稱蘇花高）被重新提出討論。

早在 1990 年行政院所核定「改善交通全盤計畫」中已提出蘇花高的建設計畫，並將其列為「環島高速公路網發展計畫」之一。1992 年國工局開始進行國道蘇澳花蓮段以及花蓮台東路段的調查。根據調查結果，國工局於 1994 年提出國道東部公路可行性的計畫，1998 年行政院核定可行性研究報告，指示先行辦理蘇澳花蓮段工程規劃。1998 至 2002 年間，歷經多次環評，發現興建工程影響甚大，所以決議 2002 年開始採取分階段進行。

2003 年行政院將蘇花高計畫納入「新十大建設」中，「第三波高速公路」子計畫之一。但 2008 年 4 月因環評未通過，開發案被退回原開發單位。基於改善花東交通的急迫性，2008 年 7 月行政院先行推動「蘇花公路（危險路段）替代道路」（簡稱「蘇花替」）。為避免爭議，政府多次強調該計畫絕非蘇花高。雖然 2010 年年初政府再度宣示，年底若能通過環評，一定動工興建「蘇花公路（危險路段）改善計畫」（簡稱「蘇花改」），且第一期工程將興建蘇澳至崇德路段。但環評結果尚未出爐，就因天災釀成嚴重傷亡，致使該議案提早進入白熱化的爭論。

上述發展簡史中，我們看見至少有數種不同的方案：蘇花高、蘇花改，以及蘇花替。所謂「蘇花高」即為蘇花高速公路，該高速公路北起蘇澳，往南以連續隧道穿越中央山脈東麓，經東澳、南澳、和平，於崇德出隧道後，繼續南

行經秀林、新城、花蓮市區西側至吉安鄉止,全長約 86 公里。該公路目的在增加行車安全性,縮短行車時間。然此計畫耗費鉅資,且對生態造成相當程度的影響,故受到若干強烈的反對。所謂「蘇花替」是指南澳至和平段,因安全性考量,評估必須優先改善的計畫。其採取高速公路規格,但仍然賦予省道的定義。雖然如此,環保人士仍抨擊其實就是蘇花高速公路。至於「蘇花改」則是基於蘇花公路並非全部都是危險路段,所以公路總局將該公路分為五段評估檢討,爾後加以改善與補強的計畫。

上述三者改善方案中,蘇花高爭議最大,該方案也最為環保人士與開發支持者之間的角力。贊成者通常指出,花蓮既以觀光產業為首,就應當注重公路與對外道路之安全,安全方便的對外道路(蘇花高)才容易吸引觀光人潮。此外,交通不便也連帶提高農產品運輸成本,使得花蓮對內米價過低,外銷成本又過高之兩難。故蘇花高的興建有利農產品競爭力,進一步節省時間金錢。以現在科技之進步,蘇花高的興建定能大幅降低對環境的衝擊。

雖然支持者信誓旦旦,但反對者認為蘇花高的興建雖能讓許多路段便捷,卻嚴重破壞環境美景,對觀光無實質幫助,故僅需要對台 9 線公路加以拓寬即可。由於台灣過往環評專業相當可議,反對者對環評通常採不信任態度;又因為蘇花高行經路段所造成之自然景觀衝擊、水質影響與水資源流失、空氣汙染、地質問題等等事項,反對者均視為嚴重生態浩劫。反對者主張,如能發展高品質人文環境,並發展在地特色農產,自然能吸引觀光客前來消費。故此反對者認為,與其興建蘇花高,不如將興建經費轉做花蓮「新五大建設」之發展基金。

蘇花高究竟對環境可能有如何的影響?台灣生態學會在《生態台灣》第六期羅列蘇花高 12 項重大缺失。其中第四項缺失指出蘇花高的興建將造成台灣重要水資源流失,此因蘇花高將經過眾多河川行水區及水汙染管制區,並穿越宜蘭縣南澳碧侯及花蓮縣和中水源水質水量保護區。特別隧道工程所必要之止水化學漿液灌漿,將影響此區水質;第八項缺失則強調生態資源調查不確實,包含對地景探勘隨意,動物棲息時間的觀察資料過少。特別立霧溪具台灣特有種台灣絨螯蟹(青毛蟹),太魯閣國家公園區則從 1992 到 2001 年間特別進行域內溪流動物記錄,極具參考價值,卻未見被記錄在環評資料內;第十一項缺失

指出蘇花高興建將摧毀花蓮僅剩的海灣，並且將對動植物產生巨大影響。[45]

雖然現在爭議仍然不斷，但大多仍關乎政治口水與主觀觀感。如果我們從環境倫理學的角度，輔以三項基本倫理原則，我們應當如何評估蘇花高的興建？

1. **從效益論的角度**：我們可以問，蘇花高興建能否能獲得最大效益？特別當環境可能受到破壞的機率極高時，蘇花高還是解決與改善的最佳方法嗎？但是若從部分對交通有高度需求的花蓮居民（如：旅運業）的角度來說，蘇花高的存在又可能是最理想的解決之道。在居民的多種需求，以及環境、科技間的多種意圖與價值觀應該如何取得平衡？便成為一個難以兩全其美的困難。

2. **從義務論的角度**：人類開發蘇花高的計畫是否符合人類對環境的保護與義務？蘇花高的問題和太魯閣開發的問題是相同的：為了整體社會的需求，開發勢必成為必要之惡。即便如此，開發是否能被訂下應該具有的停損點？好讓我們能從停損點來進行逆向思考各種處置的妥適性？早從亞洲水泥進駐太魯閣後，東海岸的自然環境與科技間就不斷發生衝突。上一個衝突還沒解決，如今又出現蘇花高的種種問題。究竟人類對環境的義務與責任在哪裡？值得深思。

3. **從德行論的角度**：蘇花高是否為解決與改善花東交通最佳的方法？這個問題的答案是有爭議的，不論支持或反對方都提出若干證據來強化自己的論點。支持開發蘇花高的一方認為，蘇花公路每年有三分之一的日子必須單線通行或雙向封閉的事實，證明蘇花公路的危險，也說明政府有為花東居民提供安全回家道路的責任。此外，開發所帶來的經濟與觀光效益不可限量。但反對方認為，根據現有觀光景點人數統計，即便開設蘇花高也只會將人潮帶入觀光風景區，對花東整體觀光經濟無實質幫助。更何況開發過程中對動物棲息地的破壞，與對遠古遺跡的毀損，都難以估計。但是，不論哪一方的證據都無法確實有效證明己方論點為真，但不論哪一方也都同意花蓮交通的實質限制。為此，目前已經進行的蘇花改似乎為雙方可以接受的折衷辦法，雖然此方案一樣具有極大爭議。

---

[45] 該期期刊見網頁：http://goo.gl/EFPA7p。

（三）開發與保護間的難題

　　蘇花高、蘇花替及蘇花改三種工程計畫的存在指出同一件事：人類嘗試透過科技與工程改善環境，但是支持和反對者永遠都存在。當人類越來越需要便利交通、生活空間及所需能源時，開發與環保便成為永無止盡的拉鋸。

　　蘇花公路的爭議基於其地理位置而產生，或者可被當作特例，但在開發與環保間另一個常見案例為水壩興建。世界各國透過水利資源建設出各種水壩，並從其中透過水利資源發展發電、節洪、灌溉等不同功能。雖然有人認為水壩的建設相較之下保護了環境，但水壩的建設是否必要仍常引起爭議。最常見的爭議點是，水壩的淤積與優養化問題就常引起各方關注。此外，水壩的興建往往直接改變人文社會的地形地貌。以中國大陸的三峽大壩為例，1994年起興建的三峽大壩，就防洪和抗洪能力來說，號稱能透過控制長江上游洪水，進而保護中下游1,500萬人口及2,300萬畝土地，就提供電力角度來說，三峽大壩的整體供電度為2,230萬千瓦，供電給三個大型電網內11個不同省份或地區。另外，三峽大壩採取天然資源進行水力發電，促使中國大陸地區每年煤炭消耗減少5,000萬噸，大幅減少溫室氣體的排放，間接實現了環保的目的。

　　雖然三峽大壩能提供上述優點，但將淹沒地區居民遷移一直是最大困難。工程預算中45%用於遷移居民。因為三峽大壩淹沒129座城鎮，影響居民多達120萬人。這裡的數字僅是建築過程中的人數，尚不包括後續因為環境惡化或因蓄水造成之山崩問題所導致之搬遷人數。根據估計，因為後續環境惡化直接與間接影響到的人口可能多達400萬人。除對人民的直接影響外，三峽大壩另外可能面對比原本計畫更為複雜的生態問題。雖然建築工程中採用蓄清排渾之原則維護水質，並透過植樹造林與水土保持的工作，以儘可能降低水底淤泥堆積問題；但由於長江的淤泥不單純只有泥沙，還包括像是鵝卵石之類的大型石頭，這些石頭的堆積在未來將造成清除淤積的困難。

　　除了水壩淤泥問題外，地理條件的改變也直接衝擊了當地的物種生態。當三峽大壩蓄水後，首先阻擋若干魚種無法順利通過，造成生活習性和遺傳上的變異。另外，三峽大壩完全蓄水後淹沒560多種陸生珍稀植物，水庫區優養化加快，並直接影響了長江特有魚類繁育。除了生物環境外，由於大壩蓄水後水域面積擴大，因此將會造成影響。只是現在氣象學家尚無法評估這些改變對複

雜的氣候系統會有什麼衝擊。[46]

上面對三峽大壩爭議的討論其實僅是冰山一角，但應足以呈現出現代工程的複雜系統為此社會造成多大的影響與問題。蘇花高或三峽大壩都只是工程、科技與環境間矛盾衝突的實例，其實這類問題在我們日常生活中一直存在。從三峽大壩的例證可以發現，現代的科技與土木工程建設已不再如過往單純，任何一個巨型建築或跨時代科技都可能短期內引發無法逆轉的後果。若加上公司與企業的巨大化，以致足以擴散其影響廣及全球環境與政經，該類公司將會涉及的倫理分際最終也都得面對全球性正義的問題。

三 邁向全球性問題

一間大型公司企業在發展過程中，在考量獲利問題或法規限制時可能會逐漸將生產線轉移至低成本與低限制的地區，以期望透過降低成本的方法，替企業的發展創造更大的優勢；然而，將生產與組織轉向這些地區時，仍相同會面對因為人而產生的倫理問題。所有跨國企業都要面對類似的倫理困難：要堅持正義及道德，或者是因入境隨俗而產生若干妥協？

（一）跨國企業與社會正義

當公司企業前進到與過往不同環境的地區，面對的困難除了法規執行（包含規範差異與有無落實的考量），還需要面對風土民情，以及因不同國家產生的倫理落差。這些屬於倫理學相對主義的問題。

1. **跨國公司的相對正義**：當工程或科技公司進入到不同國家發展時，最常遇到的問題之一是，面對不同風土民情，特別是與自己或本國的倫理見解相左時，應該要如何配合？

   許多企業進入另一個國家時會採取配合當地文化的保守態度，目的是儘可能讓公司於當地站穩腳步。但是，為了站穩腳步而一味配合當地的政策是否絕對正確？如果這個政府要求公司必須無條件配合政府所制訂、卻又明顯悖反自己的倫理信念的法規，公司應該配合嗎？這種配合的難題不易出現在

---

[46] 此處關於三峽大壩的資料參考維基百科〈三峽大壩〉詞條內容。

較為嚴格的環保法規,而是當在地政府所提出的不合理要求,特別是在索賄、種族或性別歧視等明顯違反倫理道德的問題上。

　　為能獲得最大利益,跨國公司容易傾向採取倫理相對主義,為自身政策辯護。倫理學相對主義強調不同時空存在不同倫理規範,沒有絕對的倫理道德。為此,當跨國企業進入到新的國家或地區時,依循當地既有規則(不一定是倫理相關的)是理所當然的決定。此外,遵循當地規則的合理性除避免利益獲取的困難外,當地規則並非企業所決定,企業僅是遵守既定規範,所以企業似乎也成為受害者。就上述理由,採取倫理相對主義進行最後抉擇是合理的,企業為能在新的據點站穩腳步,是應該儘可能做到入境隨俗的。

　　雖然這樣的推論貌似正確,但就全球正義來說仍有弱點。姑且不論倫理相對主義的錯謬,在全球正義的議題上,現在大型企業多遵守蘇利文原則(Sullivan Principles)。

2. **蘇利文原則**[47]:蘇利文原則是跨國企業面對設廠所在地政府不正義政策對抗成功的實例。1948年南非政府頒布《種族隔離法案》,爾後數年間又頒布多項對南非黑人不正義的法律,甚至限制南非黑人的工作權。美國的通用汽車(General Motors)早在1926年便在南非設廠,並招募南非當地工人進入工廠工作。通用汽車在南非設廠時,上述不正義的法案並未通過,但是1948年這些法案通過後,狀況不再一樣:通用汽車並未參與在這些法案的起草與表決過程內,甚至公司內部政策也無此類成文或不成文規範。可是當法案通過後,通用汽車在南非的工廠還是必須遵守這些法規。

　　上述狀況到1977年開始有所改變。一位來自費城的黑人牧師,同時也是通用汽車公司董事之一的李昂・蘇利文(Leon Sullivan)認為,通用汽車對這種不正義政策沒有遵守的必要,因為這些政策不道德。通用汽車可以宣稱他們在道德上沒有責任,因為這些政策不是他們制訂的,他們也必須配合才能讓南非工廠順利運作。但政策本質上就是不正義的,遵守這種不正義的政策會使一間全球性的企業不能盡到他們在跨國後仍應保持的道德責任。蘇利文最初先向美國12間大型企業呼籲,要求它們在南非的工廠不再遵守《種族隔離法案》,進一步要求公司企業應該達到同工同酬與升遷平等的基本要

---

[47] 喬治著,李布譯,《經濟倫理學》,台北:輔仁大學出版社,2004.7,頁583-589。

求。雖然日後許多公司均同意此作法，但蘇利文在1987年還是認為該原則並未獲得應有結果，因為未能真正落實對不同種族工人的平等尊重。1987年，在蘇利文的影響下，通用汽車公司撤離南非，成為南非撤資運動中的重要象徵。而蘇利文原則也成為南非政府最終廢除種族隔離政策直接或間接的原因之一。

蘇利文原則後來出現了適用於全球的版本，並被稱為「全球蘇利文原則」（The Global Sullivan Principles）。該原則呼籲企業應遵從法律及負起應盡責任，將原則長期性的整合到企業內部的經營策略上，包括公司政策、程序、訓練及內部報告制度，並承諾達到這些原則，以便促進人與人之間的和諧及諒解，並提升文化與維護世界和平。主要的九個原則如下：[48]

(1) 維護全球人權（特別是員工）、社區、團體、商業夥伴。
(2) 員工均有平等機會，不分膚色、種族、性別、年齡、族群及宗教信仰；不可剝削兒童、生理懲罰、凌虐女性、強迫性勞役及其他形式的虐待事項。
(3) 尊重員工結社的意願。
(4) 除了基本需求外，更提升員工的技術及能力，提高他們的社會及經濟地位。
(5) 建立安全與健康的職場，維護人體健康及環境保護，提倡永續發展。
(6) 提倡公平交易，如：尊重智慧財產權、杜絕賄金。
(7) 參與政府及社區活動以提升這些社區的生活品質，如：透過教育、文化、經濟及社會活動，並給予社會不幸人士訓練及工作機會。
(8) 將原則完全融合到企業各種營運層面。
(9) 實施透明化，並向外提供資訊。

雖然跨國企業在面對不合理政策上可能獲得倫理上的勝利，但實質上的利益損失卻不能被忽略。谷歌（Google）在2010年因為不滿中共政府對其搜索引擎過濾結果的審查與篩選（包含長城防火牆的干擾），選擇退出中國大陸市場，只在香港留下數據中心與香港谷歌。這樣的選擇讓谷歌在經濟上就直接面臨損失。

---

[48] 「全球蘇利文原則」的中文翻譯版本全文刊載於來自經濟部工業局：「產業永續發展整合資訊網・企業社會責任」網頁上，位址：https://proj.ftis.org.tw/isdn/Application/Detail/39F458DA8AF53FA4。

（二）成本與獲利需求的問題：RCA 的例證

科技公司跨國的目的不一而足，其中一個原因是希望獲得更廉價的成本。廉價的成本除工資外，還包括對嚴格環保法規的規避。一些高科技產品在生產過程中可能產生嚴重汙染，但公司原本所在國家存在較為嚴格的環保法規，因此為避免符合嚴格環保法規所產生額外成本（包含淨化汙染用的廠區或設備），這些公司可能將廠房移到環保法規較不嚴格，甚至沒有環保法規的國家，以節省為了淨化汙染而產生的額外支出。就此點來說，這樣的作法並非前述倫理學相對主義的應用，而是鑽法律漏洞的不道德行為。當然公司企業可以為自己辯稱：這是基於獲取更大利益所做的決定；但根據前面對 CSR 的討論，以及基於目前全球化所導致區域劃分的模糊性，即便以成本或獲利為理由，也無法忽略這間公司企業可能留下的危害。

美國無線電公司（Radio Company of America，簡稱 RCA）在台的汙染案符合上述討論議題。[49] 早年台灣工業發展的過程中，就曾出現缺乏 CSR 概念的相關企業造成嚴重汙染危害的狀況。特別是 1970 年代，台灣以代工出口為基礎促使經濟起飛，當時缺乏明確的環保規範，加上台灣人民對環境汙染及工廠毒物之意識尚未普及，致使部分工廠員工長期暴露在有毒物質的工作環境中，造成日後身體產生嚴重病變；部分工廠為貪圖一時利益，任意傾倒有毒廢水，造成土地無法耕種。其中最著名的事件是美商 RCA 公司造成的環境汙染。

RCA 是 20 世紀中葉美國名列前茅的家電品牌，主力產品包括電視機、音響及錄放影機等。1970 年代，RCA 來台設立「台灣美國無線電公司」作為海外子公司。該公司成立後，在台灣各地設廠，並將公司占地約 8 公頃的總廠設於桃園。桃園總廠主要生產電視機的電腦選擇器及其他電子產品，從 1970 年代至 RCA 離開台灣前，桃園總廠先後有多達 4 萬人次於其中工作。

從 RCA 在台設廠開始，行政院勞工委員會（勞委會）曾對 RCA 進行八次勞動檢查，發現 RCA 有違法之虞，包含通風問題與廢水處理等相關問題，但期間僅以公文要求 RCA 改善，既無罰則也無追蹤列管。1986 年，RCA 部分工

---

[49] 關於 RCA 汙染的資料，在台灣環境資訊協會及苦勞網上均可找到新聞與分析。《司改雜誌》第 35 期一篇名為〈RCA 汙染事件始末〉則提供該事件經過與司法程序的詳細內容，該文章刊載網址：http://goo.gl/EmLpGR。此外，行人出版社於 2013 年出版的《拒絕被遺忘的聲音：RCA 工殤口述史》也有詳細資料可供參閱。

廠被美國奇異公司併購；至 1988 年美國湯姆笙公司又二度併購此二工廠。隔年 RCA 即發現土地受到汙染，當下資遣桃園廠員工。爾後數年逐漸將生產重心轉向中國大陸及泰國，並將土地汙染的消息加以封鎖。該事件直到 1994 年由前立法委員趙少康舉發，社會大眾及工廠員工始知 RCA 桃園廠處理有機溶劑不當，已造成土壤及地下水的嚴重汙染。

該事件爆發後，環保署調查研究發現，廠區土壤確實遭到汙染，主要汙染物為具有揮發性之含氯有機化合物（包含三氯乙烯及四氯乙烯等相關有機化合物）。經抽驗發現，離廠區 2 公里遠的地下水亦含有超出飲用水標準的一千倍的含氯有機化合物。爾後傳出離職多年的員工有逾千人罹患各類癌症，調查發現員工的罹癌率更為一般人的二十至一百倍。雖然 2002 年時，義務律師團向法院聲請對 RCA 公司之資產為假扣押，然而 RCA 公司於台灣已經脫產。同年四月，桃園縣政府公告「台灣美國無線電公司（RCA）原桃園廠」為地下水汙染控制地區，同年 11 月立法院三讀修正通過《環境基本法》。2002 年開始，義務律師團為受害員工打官司，其中雖遭挫折，但 2007 年台灣台北地方法院開始審理調查 RCA 公司之違法事實。至 2012 年為止，環保署同意 RCA 再度延長整治兩年。2013 年，汙染案受害者及家屬共同發表口述歷史書《拒絕被遺忘的聲音：RCA 工殤口述史》，為台灣史上重大職傷留下見證。

RCA 事件是很典型以利益取向取代企業應有的道德考量的案例。RCA 在桃園的廠址隨意處置有機溶劑，使得土壤及地下水嚴重汙染。其棄置方式為在土地上挖洞後逕自排放，再倒土掩埋。此外，該公司對於員工暴露於含有有機溶劑的空氣中置之不理。上述舉動似乎短期內使 RCA 公司利潤最大化，因為可省去回收、員工安全等所需費用，進而降低成本；然而，此舉卻突顯出該企業的短視近利。因為若以長久觀之，企業欲維持競爭力必須讓企業能永續發展，而 RCA 以眼前的便利取代未來的公司品牌形象，使得該公司留下嚴重的商業臭名。雖然 RCA 在環保署的壓力下曾於 1996 年進行桃園廠區土地及水源的汙染調查，並提出經費台幣 2 億多元進行土壤整治；但是，罹癌員工仍逐年增加，每年都有人因癌症過世，卻至今未得到任何職災補償。RCA 看上去確實取得獲利，並且尚未受到相對應的法律懲罰；但事實上相關的官司仍在進行，即便奇異公司已將之併購，訴訟也仍未結束。

（三）跨國企業的倫理問題[50]

面對跨國企業可能面對的問題，R. T. 喬治指出，這些跨國企業容易被批判的原因在於：首先，跨國企業在發展中的國家剝削工人，掠奪自然資源並賺取高額利潤；其次，跨國企業在發展中的國家進行不正當競爭，損害當地國家的利益；最後，跨國企業的經營是落後國家貧窮與混亂的主要原因之一。對工程或科技公司來說，上述三項條件的第一點原因，容易被歸咎於與該公司所擁有的技術相關。前面所提的 RCA 事件就是這種對發展中國家環境剝削的例子之一。

R. T. 喬治認為，當一間跨國企業開始開拓市場，且透過以更低成本獲取更高利益的狀況時，並不代表這間公司就一定不道德。有的時候，一間堅持道德的公司反而可能會在設廠地因為該地的傳統或是偏見，而遇到道德堅持的困難。那麼跨國公司究竟有沒有可以遵守的倫理準則？他提出以下五個建議準則：

1. **最低標準準則**：一間跨國企業不能也不應該有意地從事任何直接危害到當地工人的活動。這個準則對任何人、公司與國家都適用。之所以會強調「直接性」的危害，是基於有的工作本身就具有危險性（例如：在博帕爾化學工廠內工作就有一定程度的危險），「直接性」意謂著公司在明知危害的狀況下仍故意如此執行，但若危險屬於間接性或是工作本身蘊含的風險就不受此限。
2. **積極有利準則**：除了不能產生直接性的危害外，這間公司應該積極從事對這個國家有利的經營活動。此處的利益必須指國家整體與百姓的利益，或是協助該國進行基礎建設、重大工程建設、教育建設等，或是採取有規劃的部分技術轉移的方式，而非只讓特定官員或集團所擁有。
3. **人權保障準則**：尊重該國工人、消費者及其他人的人權。最常見的問題是，跨國企業到了該地後遵行當地的不當政策，或將科技產品的廢物，甚至汙染物留在該地。跨國企業既是到設廠地進行利潤上的獲取，那麼對人權的保障就是必須且應為的。
4. **一視同仁準則**：當跨國企業進入發展中國家開拓市場或設廠生產時，它在這個國家制訂的規範與要求，應該與在其他國家所制訂的一樣。不能因為所處國家較不發達，就降低標準。

---

[50] R. T. 喬治著，李布譯，《經濟倫理學》，台北：輔仁大學出版社，2004.7，頁 562-564。

5. **基礎遵守準則**：跨國企業在不違反道德與不侵犯人權的前提下，應遵守前進國家的法律法規，並尊重當地的文化與價值觀。

遵守上述的倫理守則並不意謂著一間跨國企業就能夠在所前進的國家那裡獲得絕對的順利與獲利。每間跨國企業基於不同產品的調性與前進國家的特質，都可能產生不同的處理模式及問題。

本章小結

當工程師從個人出發，組成團隊，建立公司後，其倫理考量的範圍也隨著團隊規模日漸擴大。由於科技或工程在現代社會已逐漸轉變為複雜系統，所以公司企業無法再只考慮自己的行為而漠視群體反應。跨國企業的倫理問題從過往被忽略，到現在因地球村的政經趨勢與資訊科技的發達已越來越受重視。為此，建立一間公司企業的 CSR，即便在跨文化領域的範疇內也應該保持對倫理規範的重視，此幾乎已成為企業倫理中的普遍共識。

工程與科技如同兩面刃，使用這些工具的企業要不從中獲利，要不就是因長期使用不當手段最終導致重挫。在邁向全球化的現代，企業需要的永續經營不能單純依靠金錢與物質利潤，更需要思考企業在整體社會（甚至全球文化）中扮演角色和進行工作。最終，工程與科技不論發展者或使用者都是人類自己，不論是科學家、工程師、企業的經營者，在面對困難而進行各種倫理考量時，都應該適時回歸對人性的尊重。

第捌章

科技與工程倫理案例

　　工程倫理不能只在理性上論辯，更需落實在生活及職場中。

　　為能幫助工程師與科技人員做出正確抉擇，閱讀與研討案例成為工程倫理教育中的重要一環。行政院公共工程委員會於 2006 年委託中國土木水利工程學會辦理「強化工程倫理方案之研擬及推動計畫」，其工作內容包括研訂工程倫理手冊提供工程領域人員參考，並從法規及制度面探討可行方案的落實，以提升整體工程環境品質及工程人員之專業素養，爾後期望能繼續推出相關手冊或守則文件；基於這樣的前提，行政院公共工程委員會編撰《工程倫理手冊》作為參考文件。

　　該手冊在前言指出，其編撰目的在提供工程倫理之實用知識及事例說明，以引導工程人員建立符合倫理規範之行為準則，同時針對工程人員面臨兩難困境及抉擇課題時所需之思慮原則、判斷思考要點與步驟加以說明。該手冊並不企圖直接指導工程人員是非對錯的結論，而是旨在引導工程人員藉由倫理思辨及正確決策過程，培養分析複雜倫理問題之能力。為能幫助工程師釐清並理解工程倫理的抉擇問題，該手冊另外編撰三十個個案，增進讀者之瞭解及激發對具體議題之討論效果。三十個案例被分類為八大類別，範圍含括個人到整體環境。[51]

　　雖然這本手冊主要針對對象為廣義之（土木）工程利害關係人，但其內容與適切性不只土木工程相關人士值得參閱，一般科技與工程專業人士來閱讀也相當適用。八大類的工程倫理課題主要包括下列：

---

[51] 行政院公共工程委員會編印，《工程倫理手冊》，2007.3，頁 1-2。該手冊可在行政院公共工程委員會官方網頁下載，網址：http://goo.gl/v511S1。

對象	常見之工程倫理課題
個　人	因循苟且問題、公物私用問題、違建問題、執照租（借）問題、身分衝突問題。
專　業	對職業之忠誠問題、智慧財產權問題、勝任問題、隱私權問題、業務機密問題、永續發展。
同　僚	主管之領導問題、部屬之服從問題、群己利益衝突問題、爭功諉過問題。
雇主/組織	對雇主之忠誠問題、兼差問題、文件簽署問題、虛報及謊報問題、銀行超貸問題、侵占問題。
業主/客戶	人情壓力問題、綁標問題、利益輸送問題、貪瀆問題、機密或底價洩露問題、合約簽署問題、據實申報問題、據實陳述問題、業務保密、智財權歸屬。
承包商	饋贈相關問題、回扣之收受問題、圍標問題、搶標問題、工程安全問題、工程品質問題、惡性倒閉問題、合約管理。
人文社會	黑道介入問題、民代施壓問題、利益團體施壓問題、不法檢舉問題、歧視問題、公衛公安、社會秩序。
自然環境	工程汙染問題、生態失衡問題、資源損耗問題。

上述八大類課題在《工程倫理手冊》中區分兩個部分：首先是對議題的列表，即為上表之部分；其次在手冊第 13 頁至第 21 頁依據工程師的角色提出倫理守則及說明。

本書雖以工程倫理為名，但也考慮較為廣義的工程概念，而不以土木工程為限。為此，本章將根據《工程倫理手冊》所制訂八大項目，於每項目下選取兩個國內著名相關事件與案例作為說明。除非有明顯違背倫理且具有犯罪事實，否則儘可能不以單一人物為對象。

由於國內在此部分資料仍在建立狀態，故大部分資料僅能透過網路資訊獲取，在此特別說明。此外，由於本書在第一部分曾經介紹安德信七步驟分析法，故本章所列舉十六個案例將全數依據此分析方法進行推論，並於案例開頭繪製心智圖作為提示。

一　個　人

　　《工程倫理手冊》中，個人項目下被規範問題包括因循苟且、公物私用、違建、執照租（借），以及身分衝突等諸多問題。上述問題容易與個人所在職務產生聯繫，並包括對自身工作因為習慣所產生的鬆懈。其中執照的問題特別與工程或建築緊密相關，因專業能力的肯定往往透過執照或證照發放的方式。在這個項目下，我們選取兩個與使用執照相關的爭議議題作為例證：一個是普悠瑪列車上路前執照核發的爭議；另一個則是清境農場建築執照的爭議。執照的核發往往是整體事件中的一環，核發前的諸多因素和核發通過與否所產生的影響，往往不能單一而論，這個狀況在兩起事件中都可得到印證。

❖ 案例 1：普悠瑪列車爭議[52]

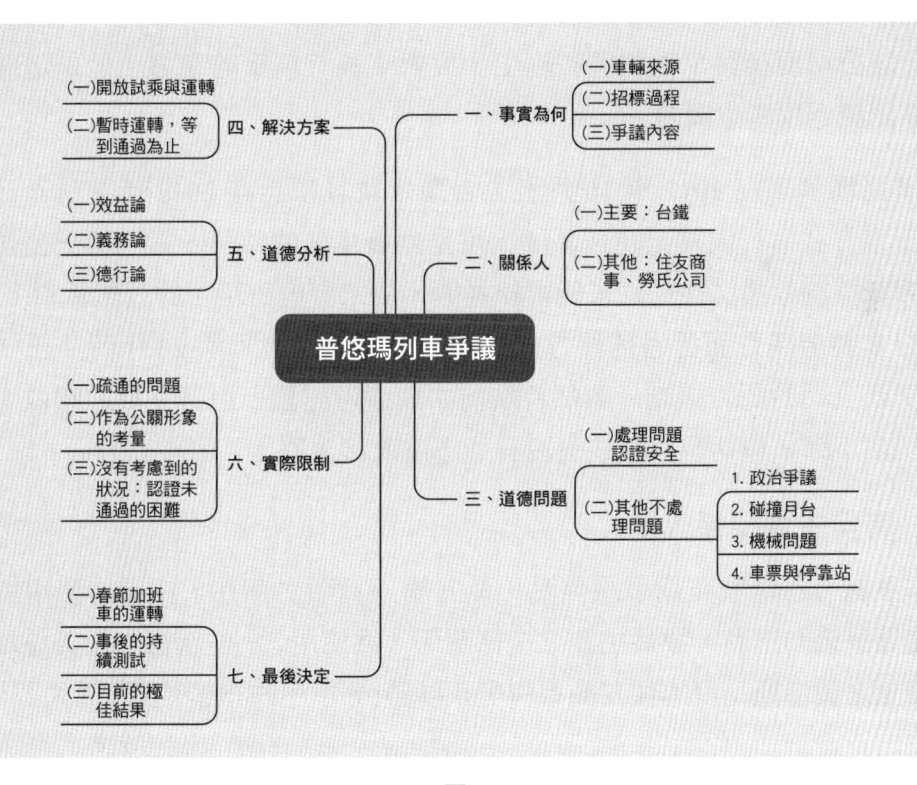

◉ 圖 8.1

---

[52] 關於普悠瑪列車從在日本亮相、運送到台灣，最終正式運轉的過程，網路資訊始終比紙本資料更為豐富。關於 TEMU 2000 型列車與普悠瑪號的資料，完整版本以維基百科的條目〈TEMU 2000 型列車〉及〈普悠瑪號〉最為完整。至於該列車的營運狀態與種種即時資訊，則以台灣鐵道網（trc）資料最為詳盡。

（一）事實為何？

1. 台灣鐵路管理局（以下簡稱「台鐵」）從 2006 年開始引入城際型傾斜式交流電聯車，在 TEMU 1000 型（即一般稱「太魯閣自強號」）獲得極大成功後，於 2010 年再次開標，卻先後因投標廠商數量不足，以及日立公司雖然得標卻無法於期限完成等因素，於 2010 年年底由日本住友商事得標。
2. 標案在 2011 年簽訂後，首批 2 列 4 組 16 輛分別於 2012 年 10 月 15、18 日由日本豐川製造所出廠，以甲種鐵路車輛運送方式，經由名古屋當地鐵道運抵名古屋港口裝船，並於 10 月 25 日早上運抵基隆港。經過數月的準備，於 2013 年 2 月 4 日先開放媒體試乘，同年立即投入春節營運。
3. 普悠瑪號的上路，在認證機制方面具有獨創性，因其為台鐵首次引入的第三獨立驗證與認證單位，其目的在於透過第三方監督機制，確保車輛品質與運輸安全。台鐵尋找的第三方監督機制為勞氏驗證公司（IV&V）。從 2011 年起，該公司便參與車輛製造和施工，故對車輛有精確的掌握。但是這個機制卻在認證過程產生問題。

    (1) 普悠瑪列車在 2012 年 10 月引入台灣，並且預計在 2013 年 2 月 6 日以加班車方式運行樹林至花蓮區間。可是到發車前的 2 月 5 日，勞氏公司因為系統控制軟體文件一直未能審核通過，故未發出應給予的認證資料。
    (2) 日本製造商方面透過補件方式補救認證，直到發車前 23 小時才正式通過勞氏公司的認證機制。雖然首航前如期通過認證，但普悠瑪的驗收爭議卻仍然不斷，包括有百項缺失沒有通過就直接上路。

（二）有何主要關係人？

本案例普悠瑪號雖為爭議焦點，然其屬工具類之存在，採買／使用者才是具有道德爭議的主體，故最主要之道德關係人為使用者——台鐵。與普悠瑪號製造與驗證之製造商：日本住友商事與勞氏驗證公司，則同屬次要關係人。

（三）道德問題何在？

一般來說，我們會期待需要認證的機器要在通過安全認證後才能實際運轉與操作。但台鐵在此事件的決策是，普悠瑪號的運行與認證工作同時進行，以致拿到認證和確認安全無虞幾乎是同一天的事。台鐵這樣的處置是否存有瑕疵或改進空間？

由於問題將焦點置於認證與安全間的關係，故舉凡該事件引發的政治聯想、機械系統碰撞月台、因為擔心車輛運行中會造成困擾導致數個車站月台進行邊坡修改、車廂內設計的爭議、車票與停靠站等相關問題均不在此處加以討論。

（四）有何解決方案？

就安檢完成後上路的原則而言，最基本的兩個處理模式如下：首先是按照已發生的實際狀況，通過認證後先行上路，日後再補行測試；其次則是暫停一切運轉計畫，直到測試完成後再開始進行載客商業行為。

（五）有何道德限制？

就認證安全與實際運轉部分來看，實際上路運轉與否於道德上可分別如此分析：

1. 按原定計畫開放試乘	2. 暫停一切運轉，直到測試完成才上路
(1)就效益論而言，台鐵搶在農曆年前上路，特別開放媒體試乘，能收公關活動之效，就公關角度而言相當成功；作為加班車使用，亦有利於疏運旅客的需求。然而，對於第三方公正評鑑單位交代不清，時序亦有問題，為負面效益。	(1)就效益論而言，少兩列新式車輛，在運轉上或許有其影響，對車班調度也可能產生困擾。然而，就保障生命的正面效益來說，暫時停止運轉可被視為保障旅客權益的必要之惡。
(2)就義務論而言，未進行完整測試就上路，違反使用重型與新式機械單位應有之義務。尤其台鐵疏運對象為一般民眾，似未盡到盡可能對民眾生命財產保障之義務。	(2)就義務論而言，暫停運轉直到測試完成，此符合使用新式交通機械與疏運旅客單位的基本要求。但因為暫停運轉產生的後果應被視為必須付上之道德代價。
(3)就德行論而言，理想狀況來說，當然應該完整測試後再上路。因案例中部分問題是基於搶先上路運轉而附加產生，故最理想狀態應該是先進行完整測試，以先行改善所有可能事先掌握的缺失。	(3)就德行論而言，此舉符合一般社會大眾所認定之社會責任。

（六）有何實際限制？

1. 對於普悠瑪號的運轉而言，台鐵春節期間以加班車方式運轉，能有效吸引民眾目光，不但對疏運有所幫助，對台鐵的整體形象亦有正面加分。

2. 趕在上路前一刻取得安檢認證，此事對大眾觀感方面仍然不佳。
3. 雖然引入勞氏公司的第三方認證，屬於台鐵透過認證機制以主動補強其安全性的一種作法；但若沒有充分時間進行檢查，致使車輛運轉前得知安檢未過關，其將面臨的是難以收場的局面，結果可能更加難以想像。

（七）最後該做何決定？

　　台鐵在車輛運轉前終於順利取得勞氏公司認證，最後仍如期上路。但嚴格來說，台鐵雖在春節將兩列普悠瑪列車作為加班車使用，後續發展卻是以較長的時間對其他電聯車組進行各種動態測試。換言之，台鐵雖在當下採取開放試乘之處理方式，事後仍以長時間進行各種測試以確保車輛機械性能與搭乘民眾安全。事實上，有了首航經驗，加上後續用更為充裕的時間進行測試，也讓普悠瑪號上路後深獲好評，成為台鐵的招牌。

❖ **案例 2：清境農場土地開發爭議**[53]

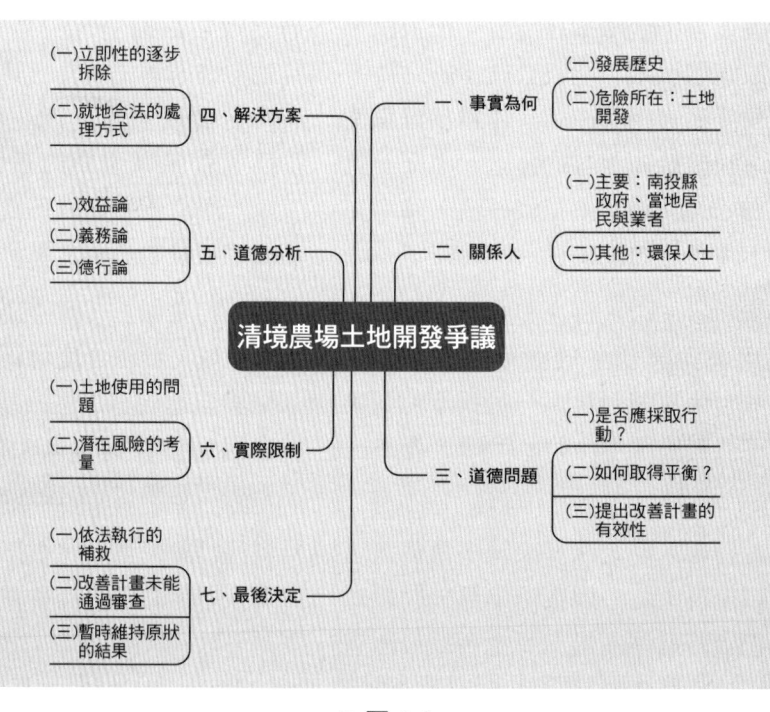

▲ 圖 8.2

---

[53] 相關資料參見由退輔會建立之清境農場官方網頁，網址：www.cingjing.gov.tw/；台灣環境資訊協會，網址：http://e-info.org.tw/taxonomy/term/17891。此外，對於清境農場土地使用問題及可能災害資料最為豐富所在為台灣環境資訊協會，相關資料可在其網站上以關鍵字「清境農場」做搜尋。本段落主要依據台灣環境資訊協會網站資訊撰寫而成。

（一）事實為何？

1. 清境農場最早由國軍退除役官兵輔導委員會於1961年建立，所在位置為中橫公路台14甲線霧社北端8公里處。該地之所以開發與中橫開拓有關，因中橫公路霧社支線開關後，1959年退輔會邀請農業專家到該地探勘，希望建立一個自給自足之高山農場以安置退伍官士兵，主要探勘地點為賽德克族原本牧養牛群所在地，即日治時期的見晴農場（另稱霧社牧場）。

2. 1960年南投縣政府將該地讓購予退輔會，1961年開始以台灣見晴榮民農場之名開始運作。該農場開始時以村落及農莊方式進行人口安置，主要安置對象為滇緬地區撤台的反共救國軍及其眷屬。1967年，時任退輔會主委之蔣經國視察時取名為「清境農場」，名稱始正式確定。1985年清境國民賓館完工開始營業，住宿收入遠大於農業收入，清境農場便逐漸發展為觀光農場。1990年農場開始收費。現在的清境農場於本場設有國民賓館、青青草原、畜牧中心、旅遊服務中心、遊客休閒中心、壽山園生態區，以及清境小瑞士花園，將整體自然景觀與農牧生產相結合以發展休閒農業。

3. 清境農場雖然美麗，但是因清境農場興起的住宿商機促使當地民宿林立。2013年的紀錄片《看見台灣》上映後，隱含在林立民宿背後的危險被全盤揭露。按照台灣環境資訊協會的資料，清境農場的民宿專區134間中僅有5間取得合法執照。

4. 清境農場屬於非都市土地，按照使用管制規則，在農牧用地上，2分半的農地可以興建兩層樓高共150坪樓地板面積的農舍。但是，不少民宿採違法擴建，或是在取得建照與建築使用執照之後，才新增違章建築。

5. 根據經濟部中央地質調查所的調查報告，清境農場周邊有高達六成土地屬順向坡，且有部分坡度超過55度以上。根據該所公布之「山崩與地滑地質敏感區（L0002 南投縣-02）」文件，此區為高風險地帶，屬於山崩與地滑、地質敏感區。而根據內政部以災害潛勢圖套疊清境地區後發現，該區高風險面積達46%，過往已發生過多次山崩。

（二）有何主要關係人？

此案例中，由於南投縣政府為主要決策單位，政策與其決定有關，故為主要關係人。當地民宿業者與居民由於受到直接影響，故可同列屬主要關係人。提出反對意見或進行資料審查之環保人士，則應屬次要關係人。

（三）道德問題何在？

面對清境農場普遍的違規現況與潛在危機，南投縣政府應採取何種行動以防止災難發生？如何能夠在公眾安全與居民生活間取得平衡？面對已經存在多年的民宿，南投縣政府態度採就地合法，並提出「清境風景特定區計畫」，訂定開發總量。這個計畫合理且能解決問題嗎？

（四）有何解決方案？

面對超限使用山坡地，南投縣政府可以採取立即性的逐步拆除，也可以採用就地合法的方式處理相關違建的新建房舍。

（五）有何道德限制？

針對兩個主要方案，包含立即性的逐步拆除，以及就地合法的處理方式，我們可進行如下的倫理分析：

1. 立即性的逐步拆除	2. 就地合法的處理方式
(1) 就效益論而言，立即拆除原則上能立刻改善土地被濫用的現況，並避開可能的（潛在）危害。但是立即性的逐步拆除同時對居民的財產與生計造成損失與危害。我們固然可以說，拆除是維護與避免災害的必要之惡，但考量後續可能的發展與危害，似乎並不是最為理想的行動。（畢竟就此時此刻來說，災難並非必然或已然發生。）	(1) 就效益論而言，開發確實帶來極大金錢利益。但長遠來說，我們能否承擔因對於環境破壞產生的後續效應；尤其當天災發生時引發的毀滅性災難，我們是否能夠承擔？就地合法的處理方式能夠立即性處理眼前的問題，但對後續整體來說是利是弊卻無法立即得知。一旦發生災變，政策的責任歸屬也將難以估計。
(2) 就義務論而言，在單純考慮政府保護人民的立場以及人類對於環境的保護安全，立即性的逐步拆除符合人類對於環境保護之基本義務的需求。	(2) 就義務論而言，就地合法的處理方式符合政府保護與協助人民的義務，但是就人類與環境間關係與義務來說卻不符合。
(3) 就德行論而言，立即性的逐步拆除易將導致事件利害關係人利益衝突的白熱化，無法形成能力卓越的結果。故立即性的逐步拆除不一定能成為最佳方案。	(3) 就德行論而言，就地合法的處理方式與前者狀況類似，都是在二分法中進行選擇，並不符合德行論強調能力卓越的要求。

（六）有何實際限制？

1. 立即性的逐步拆除或就地合法的處理方式，都涉及到對於土地使用的相關問題。南投縣政府所提出的「新訂清境風景特定區計畫」，將把目前民宿集中的區域劃為風景區，依法提高建蔽率至 20%，同時容積率上限為 60%，所以需拆除的面積將可降為 3.4 萬平方公尺。該計畫提出的理由是，若要依循原本法規規範，所有現存違章都要拆除回復成合法面積，拆除面積將會很大，此舉將會對業者的生計造成強烈的衝擊，對水土保持也不一定有幫助。
2. 環保人士指出，這些評斷包含對人口計算的錯誤，特別清境農場屬於觀光地，流動人口比常住人口多，所以因流動人口引起的用水環境汙染及承載量問題不容忽視，但該計畫並未將此部分規劃在內。所以，應將常住人口與觀光人數一併計算出可承載的數量，才符合環境承載容量的意涵。
3. 目前的現實狀況是外來投資者居多，過往照顧居民的美意已不復存在。此外需要面對的潛在風險並不能單靠變更地目就可以排除；一旦災難降臨，生命財產的損失將難以估計。

（七）最後該做何決定？

　　從 2011 年起，南投地檢署就已展開清查竊占國有地與違反《水土保持法》的民宿，並針對數家業者起訴與限期拆除。2013 年，南投縣政府公告停發建築執照，為期兩年，期間違反規定者，即報即拆。南投縣政府在此的作為是符合道德的處置。南投縣政府之後又另提出「清境風景特定區計畫」，但這個計畫卻在環評中被退回。為此，南投縣政府在同年 12 月再次備件後送審議。短時間看來，清境農場的合法執照爭議仍然無法有效解決。

延伸思考案例

1. 1997 年林肯大郡崩塌事件。
2. 2008 年廬山溫泉災害事件。
3. 2015 年 3 月復興航空機師證照驗證考試（重考），結果全部機師不及格的事件。
4. 2015 年 12 月深圳大樓崩塌事件。
5. 2016 年台南維冠金龍大樓倒塌事件。

二、專　業

在專業的項目下，《工程倫理手冊》列出問題包括：對職業之忠誠、智慧財產權、勝任與否、隱私權、業務機密以及永續發展等相關問題。其中職業忠誠、智慧財產權及業務機密問題彼此緊密相連，我們在前文也已略為說明。此處將舉出兩個國內大型企業的實例，說明這三者之間的關聯，以及為保障自身權利所產生的種種行為。

❖ **案例 3：宏達電與蘋果電腦官司案例** [54]

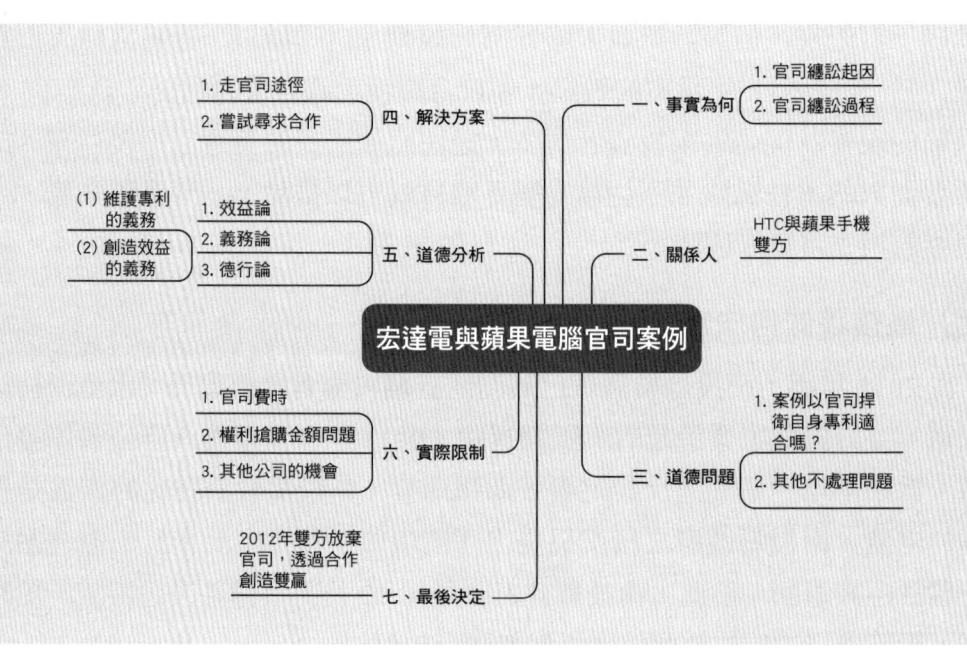

```
                                              1. 官司纏訟起因
            1. 走官司途徑                      2. 官司纏訟過程
            2. 嘗試尋求合作    四、解決方案    一、事實為何
(1) 維護專利  1. 效益論
    的義務    2. 義務論                                        HTC與蘋果手機
(2) 創造效益  3. 德行論        五、道德分析    二、關係人    雙方
    的義務
                           宏達電與蘋果電腦官司案例
            1. 官司費時                                        1. 案例以官司捍
            2. 權利搶購金額問題                                   衛自身專利適
            3. 其他公司的機會  六、實際限制    三、道德問題      合嗎？
                                                              2. 其他不處理問題
            2012年雙方放棄
            官司，透過合作
            創造雙贏         七、最後決定
```

▲ 圖 8.3

（一）事實為何？

1. 國內手機龍頭宏達電從 2010 年開始與蘋果電腦彼此互告官司。根據已故蘋果電腦總裁賈伯斯認定，Android 系統抄襲蘋果電腦早已註冊的多項專利。

---

[54] 關於蘋果與宏達電之間的官司訴訟，《天下雜誌》有非常完整且詳實的追蹤報導，本文中的年表乃依據該雜誌於網站上提供的懶人包撰寫，網址為：http://goo.gl/Pf08x。蘋果的和解公告可參見網址：http://goo.gl/nzMIM。至於賈伯斯與微軟、谷歌之間的關係，可參見由艾薩克森（Waller Issaacson）所撰寫且號稱賈伯斯生前唯一授權的傳記《賈伯斯傳》。唯該書討論數個軟體大廠間的爭議時，乃由賈伯斯個人觀點出發，故與他人看法不盡相同。

故當宏達電推出手機且搭載 Android 系統後，蘋果電腦認定宏達電有侵權疑慮，所以 2010 年 3 月蘋果電腦首度控告宏達電侵權。該次告訴於 2011 年 12 月蘋果電腦勝訴。美國國際貿易委員會（International Trade Commission，簡稱 ITC）裁定，宏達電的部分智慧型手機侵犯蘋果電腦的資料點擊（data tapping）專利，並自 2012 年 4 月 19 日開始，禁止宏達電在美國境內銷售涉及侵權的智慧型手機。

2. 為了反擊，2010 年 5 月宏達電控告蘋果電腦侵犯 5 項專利，該次官司在 2012 年 2 月判決結果為宏達電敗訴，蘋果電腦並未侵權。

3. 2010 年 6 月蘋果電腦第二次控告宏達電侵犯 4 項專利。為能擺脫侵權若干問題，2011 年 4 月，宏達電以 7,500 萬美元（約新台幣 22 億元）的價格，向美國無線通訊公司 ADC 購買 82 項專利。當然蘋果電腦也並未在專利戰上一直得到優勢，例如：2011 年 6 月蘋果電腦與諾基亞（Nokia）達成專利和解，蘋果電腦必須支付一筆賠償金，並持續支付專利使用費。這是因為諾基亞過往多年在手機領域已開發，並保有至少三萬項專利技術。有鑑於此，蘋果電腦為能保持在專利戰上的優勢，其與微軟、索尼（Sony）共同以 45 億美元的價格，在 2011 年 7 月取得加拿大北電網路 6,000 項專利；同月內宏達電宣布以 3 億美元，向威盛電子買下顯示卡公司 S3 Graphics，並取得 235 項專利。

4. 蘋果電腦為能繼續保持專利戰的勝利，第三次控告宏達電侵犯 5 項專利。隔月（8 月）宏達電第二度控告蘋果電腦侵侵犯 3 項專利。9 月宏達電第三度提告，控告蘋果電腦侵犯宏達電擁有的 4 項專利。在 2011 年 12 月蘋果電腦打贏首次官司後，在 2012 年 6 月第四度提告宏達電濫用 4G/LTE 無線通訊專利。不過，後來蘋果電腦的官司並不順利，因為 2012 年 7 月英國法院裁定宏達電並未侵犯蘋果專利。

（二）有何主要關係人？

本案例主要關係人包括宏達電及蘋果電腦。

（三）道德問題何在？

我們在此僅討論一個問題，即以官司捍衛自身技術專利，在此案例中是合適的嗎？

此案例中，雖然技術專利涉及到開發的時間、技術內容及實際應用範圍，

然基於我們僅討論權利維護的合適方法，上述與技術專利相關項目和維護方式無必然關係，且可能造成無法釐清的困境，故在此不予討論。

（四）有何解決方案？

在此我們僅探討以官司解決技術專利問題所帶來的影響。並從反面思考若不走司法途徑會有如何的優缺點。

（五）有何道德限制？

根據本案例，尋求或不走法律途經可能產生的道德限制如下：

1. 就效益論而言，前述長串互相控告的侵權官司，基本上都是為了有效打擊對手，以保障自身的權利。智慧型手機涉及的商業利益驚人，即便一支手機售出僅需支付極少權利金，但是當累積量多後也將成為龐大金額。為此，智慧型手機的智慧財產權與研發相關的業務機密問題便更為重要。從這個角度思考，透過打擊對手維護我方權利是可被理解的。但更進一步來說，打擊對手與確保自身技術專利的優先權利不一定能有必然關係。從成本的角度來說，侵權官司從舉證到實際官司獲勝間需要付出的成本，若能轉化為技術研發或合作關係，從長遠來看可能可以獲得更大效益。為此，本案例兩間公司從開始透過法律官司保障自身權利的作法，到日後和解分享專利的合作，可看出這類問題如何得到最佳利益。
2. 就義務論而言，維護公司權益為公司經營團隊對投資人所應盡之義務，故在受侵權同時尋求法律途徑來解決問題，基本上符合義務論之規範。然而，經營團隊尋求更高利益，創造更大效能亦同為對投資人應盡之義務；一味尋求法律途徑或許無法達成對更高利益的尋求，甚至可能會造成對未來潛在的合作關係之破壞。
3. 從德行論而言，尋求法律途徑雖能明確規範權利義務間的界線，卻無法達成關係和諧。此外，過度維護自身技術專利，拒絕透過合作與分享以開發更強大的技術，基本上也不符合能力卓越之目標。

（六）有何實際限制？

兩者在官司的纏訟中，為能達到目標，在多個地點與多項技術專利上互相提告。除漫長時間外，也需大量金額併購或購買技術專利或其所屬公司，以維

護自身在官司上的優勢。就商業競爭來說，此時情況如同給予其他競爭對手竄起機會，為自身之未來發展埋下變數。

（七）最後該做何決定？

2012 年 11 月，宏達電更與蘋果電腦達成專利和解。蘋果電腦與宏達電接受互相授權範圍包括雙方現有及未來擁有的專利。蘋果電腦在網站上表達雙方和解的意願，並允諾雙方使用權利範圍。此結果既符合商業上的效益，就德行論觀點來看，亦同時創造出能力卓越與關係和諧的雙贏局面。

❖ 案例 4：鴻海捍衛權利的故事：能告與不能告之間 [55]

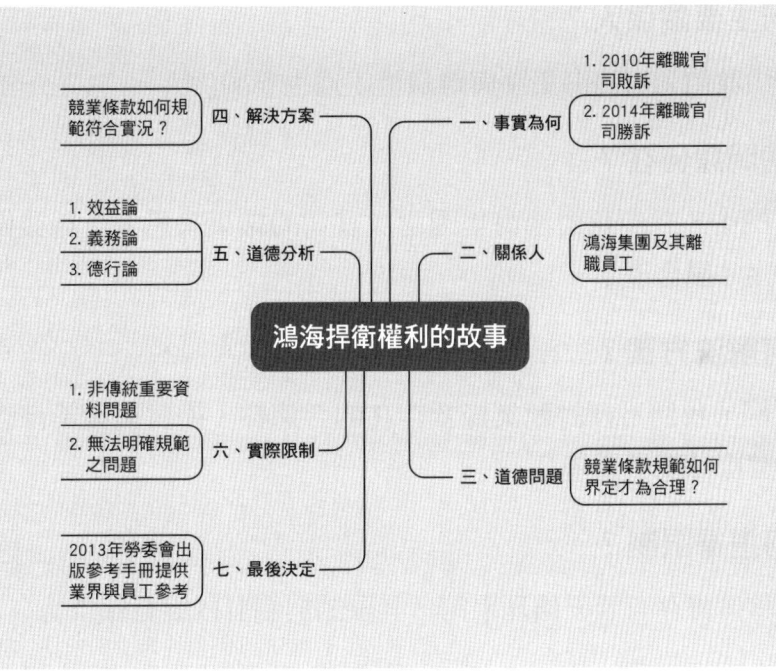

▲ 圖 8.4

（一）事實為何？

2013 年 8 月時，鴻海集團一位連接器部門的重要幹部以家庭因素為由提出留職停薪的要求，獲得集團同意。但在同年 10 月，該名員工轉任鴻海競爭對手

---

[55] 關於鴻海集團的離職爭議，此處所提案例均來自媒體報導所言內容。值得注意的是，苦勞網這個網站上有許多與鴻海相關的資訊可供參考，只不過它較為傾向注重鴻海集團內勞工的這個部分。另可參考 2014 年聯合財經網新聞，網址：http://goo.gl/mUUAWu。

的總經理，並將鴻海內部機密資料帶至對方公司。為此，鴻海集團在蒐證後，於 2014 年控告該名員工違反營業秘密，並提出營業秘密損害賠償事件的訴訟。最後法院判決鴻海勝訴，該名員工另外要償還競業禁止條款補償費、近三年已給付獎金、員工分紅股票等價值近千萬元的獲利。

雖然鴻海集團在 2014 年的官司獲勝，但是 2010 年時該集團也曾經對離職員工提告卻敗訴，其時的競業條款有過度嚴苛的爭議。依據當時新聞媒體報導，鴻海集團規定的競業條款一共有 45 項不得於離職後從事之工作，其中最為特殊的在於禁止離職員工從事廢棄物處理工作，即便連擔任垃圾車駕駛員也在禁止之列。隨著官司的進行，當時該競業條款被認為過度嚴苛，抹煞勞工權益。

（二）有何主要關係人？

此案例中我們列舉鴻海集團與離職員工為主要關係人。

（三）道德問題何在？

在此案例中，我們藉由鴻海集團兩次官司的結果來思考：競業條款的規範應該如何界定才屬合理？

（四）有何解決方案？

就此案例，我們不探討競業條款存在的合適性，僅討論競業條款應該如何規範才符合實際狀況與需求？

（五）有何道德限制？

競業條款確實存有若干倫理限制，其限制與制訂內容有關：

1. 就效益論而言，競業條款的存在有其必要性。公司或集團不希望離職員工將重要機密帶走，甚至投靠其他競爭對手。故從公司角度來看，最符合效益的競業條款是明確規範確實符合公司實際狀況的內文。按照勞委會《簽訂競業禁止參考手冊》之建議，宜明確規範競業禁止之明確期限、區域範圍、行業或職業之範圍、違反約定時之處理方式與例外情形之保障等項目。
2. 就義務論而言，公司企業有照顧員工的義務，但員工亦有對公司企業忠誠的義務。競業禁止所避免的是其他競爭事業單位惡意挖角，或勞工惡意跳槽、優勢技術，或營業秘密外洩，以及勞工利用其在職期間所獲知之技術或營業秘

密自行營業，以此削弱原雇主之競爭力，而違反員工應有義務之行為。
3. 就德行論而言，競業禁止的存在並不能有助於達成關係和諧（也就是好聚好散）的結果。雖然從公司利益而言，競業禁止屬必要之惡的手法，但如何超越與克服雇主與員工的對立才是真正應該關注的問題。

（六）有何實際限制？

鴻海集團控告這名離職員工違反競業禁止之所以獲勝，有很大原因是這名員工的行為確有爭議與違反員工應盡的道義之嫌。但是在越來越科技化的現代，許多公司內部的機密資料不再以傳統紙本方式保存時，競業禁止的條款如何能防範非傳統資料保存的機密性（如：雲端硬碟），變成為必須思考的狀況。（此部分可參考頁 72 至 75。）

此外，許多人資專家認為，雖然競業條款具有其重要意義，但部分公司行號的制訂卻極為嚴苛。員工離職之後的問題，有時又與分紅及股利分配的償還有關。換言之，若非明確有損及公司利益與機密之行為，競業禁止也不一定能透過法律相關規範加以解決。

（七）最後該做何決定？

由於各領域，甚至不同公司行號間，競業條款規範與爭議的複雜，勞委會經過若干時間整理學理上之論點，蒐集各級法院相關判決，歸納並分析，2013年制訂《簽訂競業禁止參考手冊》，其內容包括競業禁止之意義、簽訂之目的，以及勞資雙方簽訂競業禁止條款時應注意事項等，以供勞資雙方簽訂競業禁止約定時之參考。勞委會制訂該手冊的目的在於：一方面希望確實保障企業的營業利益及競爭上的優勢，另一方面則希望企業積極培養自己的人才，並透過良好的激勵措施留住員工的心；以此創造企業營業利益之確保，而員工願意積極投入研發，當能達到勞資利潤共享之雙贏局面。

延伸思考案例

1. 本書第柒章談 CSR 概念時，所列舉之奇異公司分享汽車大燈製造方式之案例。
2. 2013 年宏達電設計部副總離職與洩密官司。
3. 2014 年聯發科離職員工洩密官司。

三　同　僚

　　《工程倫理手冊》強調的同僚概念，主要探討範圍於工程團隊中的人際關係與利益衝突，故包含主管之領導問題、部屬之服從問題、群己利益衝突問題，以及爭功諉過問題。此處所舉案例，一方面考慮單一團隊既屬整體公司內的一部分；另一方面希望舉出實際且可受公評之案例。故此處列舉兩案分別為台塑仁武廠爭議與高雄氣爆案件。前者符合群己利益衝突問題，衝突之雙方為台塑仁武廠及周邊六個里的居民；後者則符合爭功諉過問題之內容，特別在事件發生後，李長榮化工儘可能撇清責任的態度。

❖ 案例 5：台塑仁武廠爭議[56]

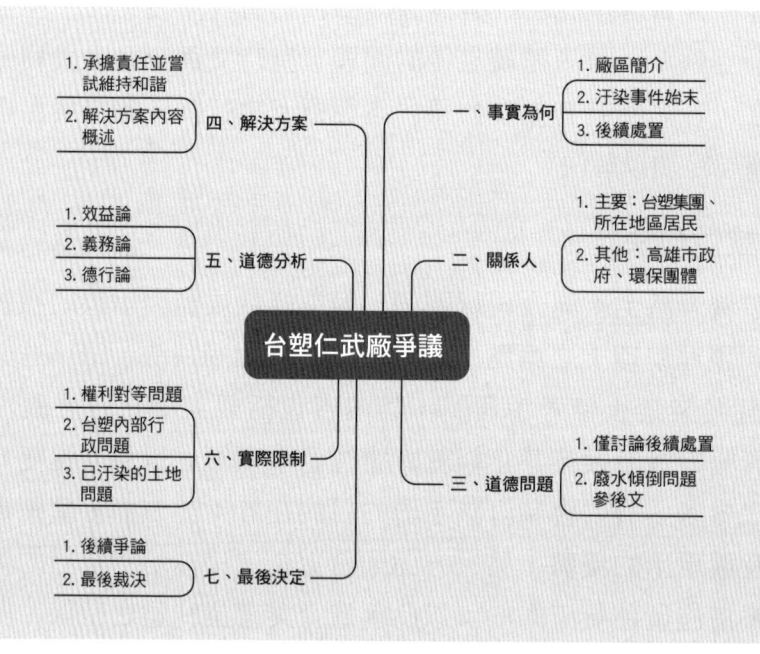

台塑仁武廠爭議
- 一、事實為何
  1. 廠區簡介
  2. 汙染事件始末
  3. 後續處置
- 二、關係人
  1. 主要：台塑集團、所在地區居民
  2. 其他：高雄市政府、環保團體
- 三、道德問題
  1. 僅討論後續處置
  2. 廢水傾倒問題參後文
- 四、解決方案
  1. 承擔責任並嘗試維持和諧
  2. 解決方案內容概述
- 五、道德分析
  1. 效益論
  2. 義務論
  3. 德行論
- 六、實際限制
  1. 權利對等問題
  2. 台塑內部行政問題
  3. 已汙染的土地問題
- 七、最後決定
  1. 後續爭論
  2. 最後裁決

▲ 圖 8.5

---

[56] 對於台塑仁武廠長期汙染的指控，地球公民基金會長期關注相關議題，並對此汙染事件有詳細報導，更於其官方網站上以年表方式列舉出台塑仁武廠歷年來的爭議，此處的年代及汙染源即依照其網站上資料撰寫。另外，「台塑總體檢全球行動聯盟」（FPG Global Monitoring Alliance）設有專門網頁報導台塑的汙染，以及獲得黑星球獎的相關報導。官方報導方面，環保署於環保新聞專區的頁面設有〈台塑仁武廠汙染事件 Q&A〉相關文章，提供官方解釋與說明，並針對地球公民基金會的報導資料提出若干反駁與批評。

（一）事實為何？

1. 台塑集團為國內重要石化原料進出口大型企業。其中位在高雄仁武的台塑仁武廠自 1972 年設廠營運，為台塑集團重要廠區，主要產品包括 PVC 粉、氯乙烯液鹼、聚丙烯纖維及鋰電池電解液等，廠區員工數達 1,600 人。
2. 2000 年開始，廠區及附近河川不斷被檢測出含氯有機化合物汙染，其中特別是後勁溪流經台塑仁武廠後相關數據大幅提升。高雄海洋科技大學林啓燦教授在檢測出相關汙染後，透過關係私下與台塑高層懇談，後勁溪中汙染物濃度隨即下降。
3. 2006 年，後勁溪中含氯有機物濃度再度攀升，所以 2007 年 3 月，由高雄市教師會生態中心與高雄海洋科技大學召開共同記者會，揭露後勁溪遭含氯有機物汙染的事實。記者會後，後勁溪汙染濃度二度下降。但同年 7 月，後勁溪含氯有機物濃度又三度飆高，且數年居高不下。
4. 2009 年環保署始證實台塑仁武廠土壤及地下水遭十多種含氯有機化合物汙染，其中二氯乙烷超標三十萬倍。另外，包括工業用溶劑二氯甲烷，若大量吸入時會產生暈眩噁心感，四肢末梢會有麻木或刺痛感。攝入或吸入大量二氯乙烷將導致神經系統、肝臟與腎臟疾病，以及造成肺功能受損。
5. 2010 年 2 月，由於廠區汙染嚴重，高雄縣政府公告台塑仁武廠為土壤及地下水汙染控制場址。但事件並未因此結束，因為接下來該廠區被發現廢水汙染耕種農地，危害達 1,390 公頃。與此同時，媒體揭露該廠長期隱匿汙染。地球公民基金會爾後發表民間自主檢測地下水井報告，證實汙染已擴散至廠外。在此狀況下，兩個明顯的團體或利益衝突產生。

（二）有何主要關係人？

此案例中主要關係人包括台塑集團及場址所在周邊六個里的里民，次要關係人則包括高雄市政府與環保團體。

（三）道德問題何在？

此案例中我們將專門討論台塑集團在仁武廠汙染事件後的處置是否得當。

案例中雖然台塑集團的行為另外涉及傾倒廢水的問題，但一方面後面在鎘米案例中將會討論傾倒廢水的道德性；另一方面，此事件已經由法律程序達成後續處置，故本案例在討論上不特別針對其廢水處理問題加以說明。

（四）有何解決方案？

　　台塑集團面對此爭議問題時，期望以和解及醫療照顧等多方面方案，與周邊居民維持和諧關係，故本案例將依此加以探討。其方案內容主要如下：在立委協調下，台塑與廠區附近六村村長簽訂協議書，協議內容包括台塑同意自2010年10月份起全額補貼村民每戶每月供民生用之自來水基本費，迄至仁武廠終止營運之日止；台塑也同意補貼村民在因高雄長庚醫院辦理之健康檢查後，依檢查報告返回高雄長庚醫院複檢及治療之掛號費及部分負擔，以及至少補助一週之看護照護費。但是，台塑也因此連帶提出，村民在同意本次爭議事件的協議後，不得再提出任何主張或訴求。

（五）有何道德限制？

　　台塑集團所提出解決方案，按照道德規範分析，其結果概略如下：

1. 就效益論而言，台塑最終恐難如願順利的節省成本。效益的概念除了有形的成本與收益外，還包括環境、居民健康、社會正義等需要考慮的問題。其自始對居民、環境等的道德義務採取忽略的態度，直到被檢舉汙染超標後才有所行動。為此，已對其商譽造成難以估量的負面效應。
2. 就義務論而言，台塑集團最後負起應負有之企業責任，符合一間公司企業對社會與周邊居民所應負擔之義務。雖然就「負責」角度而言，台塑集團願意付出該區居民部分民生物資與醫療照護之成本，但就內容範圍與汙染所及之長遠影響觀之，台塑集團對居民之賠償似乎不太符合比例原則。
3. 就德行論而言，與周圍居民達成和解屬於追求關係和諧的努力結果，後續處置並負擔整治計畫費用也屬追求能力卓越的目標。故從「提出」的角度來看，和解方案原則上符合德行論的要求。但從後續的發展而言，台塑集團的和解方案並未突顯出其應盡能力卓越之目標，關係和諧的部分似乎也僅在表面上達成。

（六）有何實際限制？

　　台塑集團提出之解決方案存有之實際限制如下：

1. 協議中為人詬病者在於複診需回到同屬台塑集團的長庚醫院就診，其行為恐

有球員兼裁判之嫌。這也突顯出雙方的權力平衡間存在若干距離。然而，從另一方面言之，台塑集團自身造成的問題，由所屬醫院出面處置並提供醫療諮詢，仍然不失為負責任的態度。
2. 雖然台塑集團於後來之補救方案部分有其確實可行之處，但從 2000 年起始至事件爆發的多年期間，該公司行政體系之若干疏忽似有其可議之處。從此點限制回推和解方案，似乎有計畫地進行拖延。
3. 即便提出整治方案，但已受汙染之土地及後續復原曠日廢時，損失實難以估計。

（七）最後該做何決定？

2010 年年末，環保署召開專家小組，針對仁武廠進行調查，但最終處置仍有資訊不對等的狀態。包含苦勞網與及地球公民基金會均表示，環保署和調查小組故意拖延《台塑仁武廠汙染調查評析報告》的相關資料，並故意隱匿汙染擴散的狀態。針對上述兩者的攻擊，環保署主動提出回應，一方面希望社會大眾能給予專家學者所需要之尊重，強調環保署的專業與查緝決心；另一方面則指出許多民間團體在報導上的失焦及錯誤。雙方各執一詞，無明顯交集。

事件發生後，雖有議員代表六個受汙染影響的村落至高雄地檢署以公共危險罪按鈴控告台塑，但台塑方面態度始終不願配合。2010 年 8 月，台塑仁武廠因妨礙主管機關查證工作，遭環保局開罰新台幣 20 萬元。最終，環保署在調查報告中指出，台塑仁武廠的土壤及地下水汙染罪證確鑿。追查後亦認定台塑未通報汙染及執行緊急應變措施，導致造成地下水汙染越演越烈，因此追討不當得利，並要求執行後續整治計畫。但最終初步核算不當得利處分金額只有新台幣 8,000 萬元，唯後續整治計畫確實由台塑支付。

❖ 案例 6：高雄氣爆案件[57]

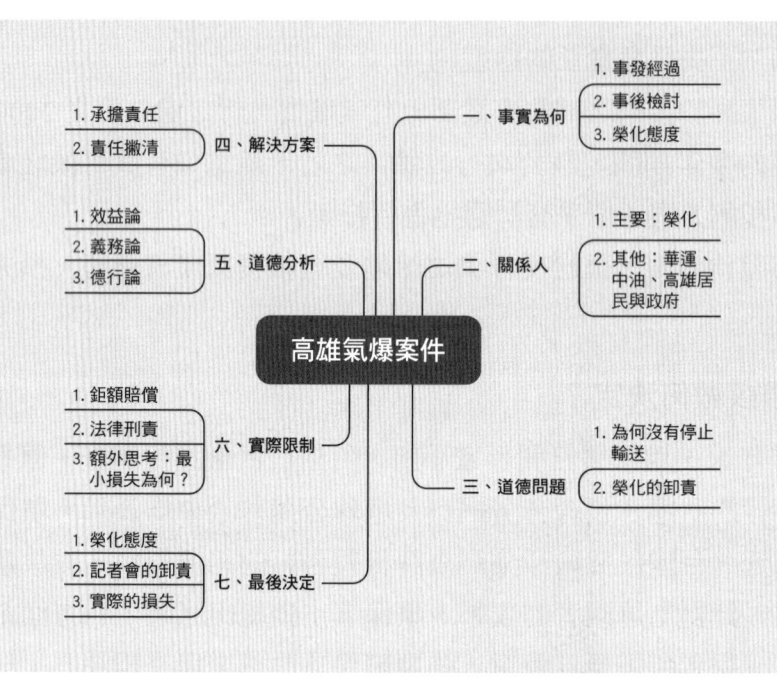

◉ 圖 8.6

（一）事實為何？

1. 2014 年 7 月 31 日晚上約 8 點開始，民眾報案表示聞到疑似瓦斯味，在消防隊到達現場時發現白煙與疑似瓦斯的味道，雖尋找多時仍未能找到確切地點。消防隊於現場進行處置，包括疏散民眾與灑水稀釋。期間雖有多種管線所屬單位人員前往，但沒有人知道已有大量液態丙烯汽化散逸至空氣中，且隨排水箱涵流動向四面不斷擴散。

2. 晚間近 12 點，包含凱旋三路、二聖路及三多一路一帶發生連環氣爆。連續爆炸一直到 8 月 1 日凌晨約兩點才暫時停歇。氣爆事故波及範圍達 6 公里，並有 4.4 公里的市區道路被摧毀。除嚴重人員傷亡外，當地因氣爆導致水電供應及通訊均中斷。

---

[57] 關於高雄氣爆的案例，由於本書撰寫時間為事件發生後的一年內，網路上最完整資料整理為維基百科〈2014 年臺灣高雄氣爆事故〉條目，其他資料均屬新聞報章雜誌媒體的報導。高雄市政府設有專門網頁「高雄市政府 81 石化氣爆重建資訊網」（網址：http://81khexp.kcg.gov.tw），提供重建相關資訊、經費運用等資料。高雄地方法院檢察署於網頁上所公布〈氣爆案起訴書〉則為重要官方參考資料，特別該起訴書從第 78 至 101 頁詳列整起事件發生的時間及相關人員作為。

3. 8月1日開始,高雄市政府出動人員清理現場、救災並進行責任釐清。根據高雄地檢署進行之開挖勘查,氣爆現場主要有三條管線:一條屬李長榮化工、兩條屬中油所有。其中李長榮化工的管線出現約28平方公分由內向外炸出的缺口,疑似是漏氣的發生地點。高雄市政府同時派員至中油前鎮儲運所,蒐集業者管線操作紀錄。發現華運倉儲到榮化大社廠間一條管徑四吋的丙烯輸送管線曾出現壓力異常。丙烯是經石油與天然氣提煉的副產物,主要作為工業原料。在空氣中濃度只要達到2%以上,就可能燃燒爆炸。這條運送丙烯的管線是爆炸當天唯一進行輸送的管線,也就是上述那條疑似漏氣的管線。按照華運及榮化管線的操作紀錄,當天晚上管線壓力確實出現異常下降的問題。華運先是關閉閥門進行壓力測試確認管線似乎無漏,爾後繼續送料。至晚間十一點半華運再次發現輸送異常而中止供料。這段管線異常期間,至少有10噸丙烯外洩。

4. 高雄市政府進行調查同時,由於傳出李長榮化工的管線在氣爆現場附近,故8月1日李長榮化工就出面召開記者會,強調爆炸管線並非李長榮化工的管線。記者會中強調:公司地下管線外觀尚屬完整,且丙烯屬無氣味氣體,與民眾反應的瓦斯味道不符。記者會中也強調,李長榮化工因製程需要,從晚上8點55分起改用中油提供的丙烯。出問題的管線則與中油共同維修。該說法一出,立刻受到華運批評為卸責。中油也跳出來澄清,認為該管線為榮化自行維修,與中油無關。事後調查發現,榮化所屬管線於1991年年底由中油興建完工,爾後產權轉由福聚公司擁有與管理,榮化於2006年併購福聚後隨之接手。雖然中油宣稱無須對油管負責,但事實上三條管線鄰近且平行,使用同一套陰極防蝕系統保護,並由中油委託金茂公司進行維修檢測,故不存在自行維修的問題。

5. 8月2日,李長榮化工召開第二次記者會對外說明,但大部分狀況回覆均以查證中不便說明為由迴避。(最受批評的問題之一還包括8月2日記者會的聲明稿,時間仍標註8月1日。)至8月3日記者會中,董事長親自出來道歉,但卻強調道歉是關心高雄氣爆受難者,不是為管線氣爆而道歉。8月4日,因應高雄市政府要求,中油、中石化和李長榮化工應將油管內的殘存丙烯清除完畢,避免再度造成傷亡。當日中油表示已經抽完,預計將用氮氣清除乾淨;中石化稱隔天可以抽完,惟獨李長榮化工以偵查不公開之理由,認

為不能破壞現場,且檢察官可能不同意,因此無法到管線破裂處止漏。8月5日李長榮化工被要求停業接受調查,該次停業造成至少新台幣15億元的損失。

(二)有何主要關係人?

主要關係人為李長榮化工,而其他相關關係人至少包括華運倉儲、中油、高雄市政府與居民。

(三)道德問題何在?

1. 華運倉儲與李長榮化工的運輸過程既已出現壓力不足之現象,是否應該改做壓力測試或停止供料?
2. 李長榮化工事發後是否應該主動承擔責任?

(四)有何解決方案?

以李長榮化工為道德主體時,其思考方向至少有兩方面:1.主動協助責任釐清;2.責任撇清。

(五)有何道德限制?

就責任承擔部分,承擔與撇清的兩種策略於道德上各可如此分析:

1. 主動協助責任釐清	2. 責任撇清
(1)就效益論而言,主動協助可能意謂著需負擔巨額損失,但以CSR角度而言,在主動協助的情況下,即便產生損失仍是指有形部分,從長遠角度而言能為公司獲得更好之效益。金錢損失可被視為必要之惡。	(1)就效益論而言,短時間內可能不易受到指責,但就長時間來看,撇清責任除非與事後事實相符,不然將受到更大的責難。
(2)就義務論而言,主動協助釐清符合公司作為商業主體之義務,工廠既設於高雄地區,則發生意外時的協助也符合公司對設廠地區應有責任。	(2)就義務論而言,從單純維護公司利益的角度思考,責任撇清似有其可行性與必要。然就道德主體角度言,公司存在目的不僅是創造利益,還包括對社會的責任。為此,一味的責任撇清依據義務論分析可能產生道德上受質疑的問題。

| (3)就德行論而言,主動協助符合社會對公司期望之社會責任,及應有之誠信態度。若發現責任確在己身,承擔責任也符合社會期望。 | (3)就德行論而言,社會大眾對一間疑似肇事之公司的要求在於責任釐清,而非劃清責任界線。李長榮化工的態度並未造成關係和諧之結果,而是致使與社會間的對立。為此,其處理方式並不符合德行論之要求。 |

(六)有何實際限制?

不論主動承擔或責任撇清,一旦事實明朗,李長榮化工需要面對責任內的鉅額賠償,以及之後法律刑責相關問題。眾多實際限制中,兩種選擇策略唯一差別在於,前者能為公司獲得正面加分之名聲,而後者容易讓公司受到較多責難。

(七)最後該做何決定?

李長榮化工一開始採取策略為主動召開記者會,並表明不會逃避責任;但在事件調查中其所採取的切割態度,卻受到輿論極大的抨擊。事件調查後李長榮化工董事長於 8 月底改列被告,該公司於氣爆期間損失達新台幣 15 億元。若從該公司資本額新台幣 19 億元角度來評估,該損失遠超過最初主動承擔可能的結果。

延伸思考案例

1. 1991 年台鐵造橋火車對撞事故。
2. 2013 年青島輸油管道爆炸事故。

四 雇主／組織

　　工程或科技公司的發展歷程中，所需資金、土地與人事常隨著規模的擴大而不斷增加。隨著企業規模的膨脹，組織層級間的上下關係越趨複雜，員工面對不同工作或業績的選擇也越趨多元。因應工作的複雜，公司的文件與行政工作也日趨龐大，需要處理的問題常常也會變得更為麻煩。為此，《工程倫理手冊》在此項目下訂出包括：對雇主之忠誠問題、兼差問題、文件簽署問題、虛報及謊報問題、銀行超貸問題、侵占問題等作為相關內容。這個部分我們列舉兩個案例：第一個案例為博達掏空案，該案同時包括文件簽署、虛報與謊報，以及銀行超貸的問題；第二個案例則舉出慈濟內湖基地開發爭議案。慈濟是非營利組織，但因其組織龐大，基金會會產來自十方善款，加上慈濟基金會所帶有的宗教色彩，在土地的取得與使用上容易受社會放大檢視。

❖ 案例 7：博達掏空案[58]

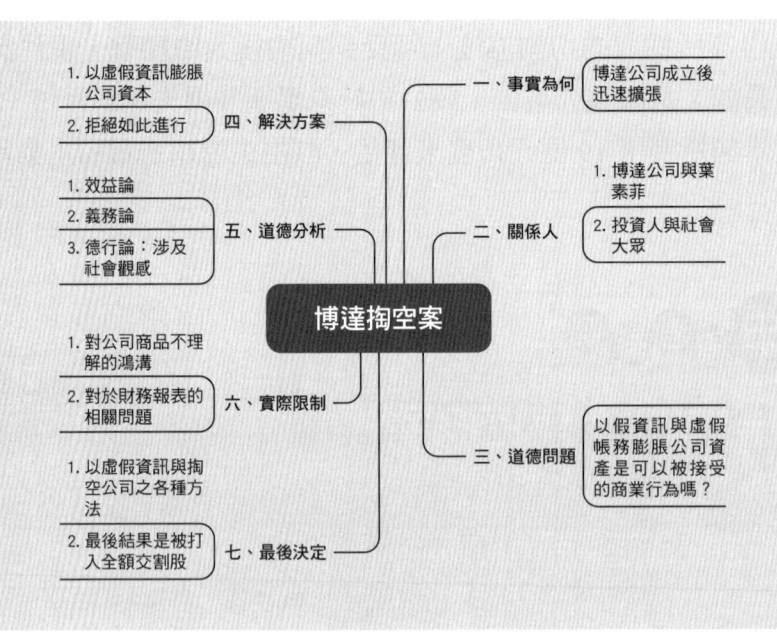

△ 圖 8.7

---

[58] 博達案因為士林地檢署已公布起訴書，其來龍去脈相當清楚。另參林坤霖等人，〈台灣企業掏空之探討——以博達為例〉，中華民國陸軍軍官學校八十三週年校慶暨抗戰勝利六十二週年研討會，2007；莊衍松，〈博達案〉，DIGITIMES 中文網：http://goo.gl/SXA6vr。

（一）事實為何？

1. 1991年3月，董事長葉素菲以資本額新台幣500萬元成立博達科技。公司成立之初主要從事電腦周邊商品的進出口貿易，以自有品牌販售SCSI介面控制卡。由於主要從事電腦周邊商品製造與開發，故約在1995年接觸砷化鎵（GaAs）領域，並在1997年宣布開發出台灣第一片砷化鎵微波元件外延片。
2. 同一年，博達掛牌上櫃，爾後為了擴張公司，透過假資訊及做出來的帳務膨脹公司資產。該公司的股價雖一度到達最高點，但後來因資金缺口與被戳破其欺騙的操作手法，最後公司倒閉，葉素菲也遭收押。

（二）有何主要關係人？

整起事件由博達董事長葉素菲主導，故其為主要關係人。此外，由於投資人與公司間有直接利益關聯，故亦列為主要關係人之一。

（三）道德問題何在？

為了能讓公司資本迅速提升，並迅速擴張公司，以假資訊與虛假帳務膨脹公司資產是可以被接受的商業行為嗎？

（四）有何解決方案？

為能讓公司資產獲得有效率的增加，公司的經營者需要選擇對公司最合適的方式。在本案例，公司增加資產的方式為透過惡意膨脹的手法。依此案例，公司至少可以選擇：1. 惡意膨脹公司資產，使股價可以大幅提升；2. 依據合法方式，按照法律規範，讓公司資產穩定增長。

某個程度上來說，科技公司不是只有在科技產品上需要誠信，公司經營本身也需要誠信。此案例在公司組織的問題上、簽證會計師的聲譽與習慣上，都引發出相當的爭議。然此處暫時不予討論。

（五）有何道德限制？

針對兩種主要態度，我們可以用道德理論進行分析：

1. 就效益論而言，以假資訊與虛假帳務膨脹公司資產在短期內可獲得極佳利益。此為誠實公開資訊無法達致之結果。然而，就長期來看卻無法獲得實質

的最佳利益；此外，所需擔負風險（必要之惡）遠大於實質利益的取得。若是依據合法的方式經營，雖然可能可以穩健的成長，但在資產累積的效率上卻可能輸給競爭對手，以致無法在市占率上獲得優勢。

2. 就義務論而言，以假資訊與虛假帳務膨脹公司資產，屬於對投資人與社會大眾的欺騙行為，行為或許符合為公司爭取最大利益的義務，但實質上卻缺乏為公司做長遠經營的打算，以及對社會大眾善盡誠信的義務。反之，不以假資訊與虛假帳務膨脹公司資產雖然在效益上並不能立即性取得最好結果，卻符合公司經營與對投資人及社會大眾的義務。

3. 就德行論而言，企業的經營除了創造利潤，照顧員工所得與福利，理想的企業也能在社會的期待下發展出應有的誠信和社會責任。為此，以假資訊與虛假帳務膨脹公司資產，並不符合德行論期待的理想企業所應擁有的自我提升行為。社會大眾與企業經營者，應當都會期望具有誠信的公司，而非以不當手法操作獲利的公司。

（六）有何實際限制？

雖然我們期望一間誠實經營的公司，但是博達案最大的問題在於：砷化鎵對大部分投資人來說其實甚為陌生。雖然早在 1980 年代，砷化鎵就已經被提出作為下一代電腦硬體材質；但到 1990 年代，除了專業人士對此一材料較能掌握外，一般民眾對其還是極為陌生。該案中博達公司虛報產值，但投資人卻因對此產業陌生而選擇相信相關財務報表。（雖然有部分研究者也指出，此問題與台灣投資人不愛比較財務報表的習慣也有關係。）

（七）最後該做何決定？

為能讓公司迅速擴張，葉素菲領導博達公司以假資訊與虛假帳務膨脹公司資產（日後甚至有掏空的情況發生）。根據林坤霖等人在〈台灣企業掏空之探討——以博達為例〉一文中所指，葉素菲在博達案掏空的手法主要包括：

1. **利用外商銀行配合作帳**：博達為做假帳，虛增應收帳款，賣給國外銀行，藉此換取現金並美化財務報表；國外銀行則要求博達把錢存於銀行的定期存款戶頭，並簽訂「債權債務抵銷合約」。博達也透過銀行關係企業間的協定讓銀行可以扣住上述款項。

2. **發行可轉換公司債（ECB）**：由於募得新台幣 17 億元的資金被扣，違反當初報備用途，種下掏空資產的惡因。同時間股市炒手透過惡意維持博達股價而使散戶套牢。由於博達發行 ECB，所以博達在國外成立兩家子公司，透過提供保證之方式，讓海外銀行提供子公司貸款；爾後再透過將 ECB 換為股票，在台灣股市出售，取現新台幣 15 億元。
3. **聯合包銷券商哄抬股價**：博達利用上市與券商、股市炒手共同拉抬股價。當公司和券商簽訂上市輔導契約時，承銷商須包銷一定比例的股票，如果上市後股價下跌，兩者可以一起分攤風險。為了快速獲利，股票一開始交易，由大股東和券商聯合拉抬股價，此點與法律規範不健全有關。
4. **關係人交易的運作**：博達透過設立海外子公司，虛增銷貨業績，並將假銷貨出售的應收帳款，賣予國外銀行換取現金。首先博達先虛設香港五家海外公司，並將一些沒用的瑕疵品，出貨給香港虛設子公司以虛增業績；再將虛設子公司的應收帳款賣予國外銀行換取現金；爾後子公司將這批貨原封不動地寄給博達的台灣原料供應商；原料供應商再把這批貨當作賣給博達的原料。透過複雜的關係人交易規劃以達成移轉。

　　博達透過上述手法後讓股票價格水漲船高，最高點曾來到新台幣 300 元以上，直到在 2004 年之後風光不再。是年，博達爆發重大掏空事件，股票停止交易後亦打入全額交割股而下市。

❖ 案例 8：慈濟內湖園區開發爭議[59]

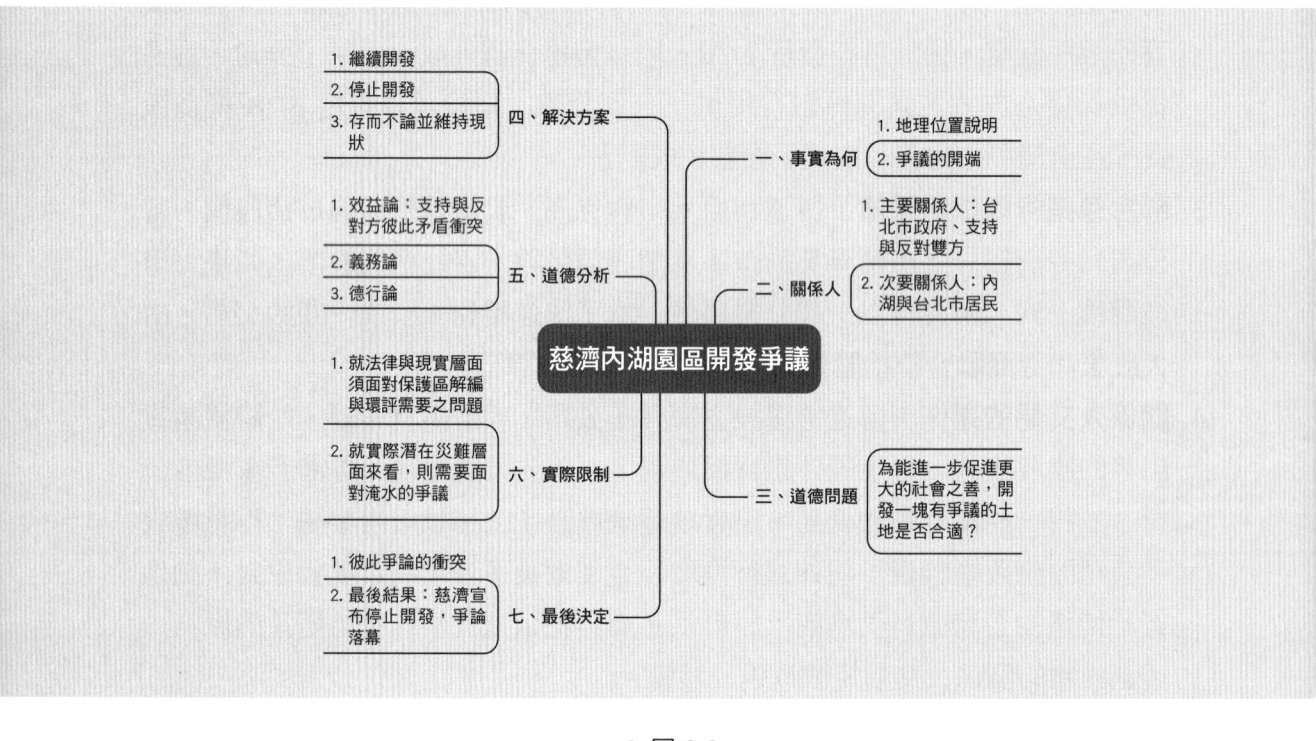

```
                                              ┌─ 1. 地理位置說明
                              ─ 一、事實為何 ──┤
                                              └─ 2. 爭議的開端

        ┌─ 1. 繼續開發
        ├─ 2. 停止開發
        ├─ 3. 存而不論並維持現                                  ┌─ 1. 主要關係人：台
        │     狀                                                │     北市政府、支持
   四、解決方案 ─────┐            ─ 二、關係人 ──┤     與反對雙方
                     │                                           └─ 2. 次要關係人：內
        ┌─ 1. 效益論：支持與反    │                                     湖與台北市居民
        │     對方彼此矛盾衝突    │
        ├─ 2. 義務論              ├── 慈濟內湖園區開發爭議
        └─ 3. 德行論              │
   五、道德分析 ─────┤            ─ 三、道德問題 ─── 為能進一步促進更
                     │                                大的社會之善，開
        ┌─ 1. 就法律與現實層面    │                                發一塊有爭議的土
        │     須面對保護區解編    │                                地是否合適？
        │     與環評需要之問題    │
        ├─ 2. 就實際潛在災難層    │
        │     面來看，則需要面    │
        │     對淹水的爭議        │
   六、實際限制 ─────┤
                     │
        ┌─ 1. 彼此爭論的衝突      │
        └─ 2. 最後結果：慈濟宣    │
              布停止開發，爭論    │
              落幕                │
   七、最後決定 ─────┘
```

◎ 圖 8.8

（一）事實為何？

1. 慈濟內湖基地位於臺北市內湖區大湖公園北側，面臨 30 公尺寬之成功路五段，行政轄區屬內湖區大湖里，分為南北兩基地，並以內部聯絡道路予以連接，計畫面積合計約 46,198 平方公尺。

---

[59] 關於反對開發園區的部分，資料參見內湖保護區守護聯盟、苦勞網及台灣環境資訊聯盟。贊成開發園區的資料除慈濟功德會官方網頁外，慈濟內湖環境促進會的官方網頁上亦有資料可供參閱。本文資料大部分參考上述網頁論述完成。需要註明的是，慈濟內湖基地開發爭議至目前為止仍然以網路資料為主。在台北市政府官方部分，〈臺北市都市計畫委員會第 657 次委員會議紀錄〉文件載明該會議紀錄主要針對〈「變更臺北市內湖區成功路五段大湖公園北側部分保護區及道路用地為社會福利特定專用區主要計畫案」及「擬訂臺北市內湖區成功路五段大湖公園北側社會福利特定專用區細部計畫案」〉兩案進行說明。該文件除列舉過往歷次會議紀錄外，附有大量陳情書明細內容。該資料刊載於台北市政府都市計畫委員會官方網頁內，網址：http://goo.gl/TmvKrw。徐立明撰寫之文章〈【慈濟內湖案】回歸政策討論，事理越辦越明！〉相較屬持平態度（雖然該作者立場傾向於慈濟功德會），該文章同時對正反雙方提出質疑與討論，具有參考價值，刊載網址：http://www.peopo.org/news/107895。

2. 1997年慈濟基金會購買此地，當時北基地是大有巴士的修理廠，堆有雜物，路面上並鋪有柏油。後經慈濟基金會改善環境、清理整頓後變得乾淨，同時推動內湖地區的環保資源回收。經由多年規劃，慈濟基金會計畫將該園區整頓為兼具叢林與生態湖的社會福利慈善心靈園區。目前土地狀況與十多年前類似，並未有更進一步開發。
3. 慈濟欲開發基地之所在地屬於台北市政府規劃之保護區，為環境敏感帶，水土保持不易。此外，所在地為谷地集水區，一旦降下大雨，兩條相異水系的河流將匯流在開發基地下方之大湖社區。
4. 為能更進一步使用土地，慈濟基金會向台北市政府提出「變更臺北市內湖區成功路五段大湖公園北側部分保護區及道路用地為社會福利特定專用區主要計畫案」，以及「擬訂臺北市內湖區成功路五段大湖公園北側社會福利特定專用區細部計畫案」相關申請。此兩申請案引發輿論的爭議。

（二）有何主要關係人？

除了擁有最後裁決權的台北市政府外，不論支持方或反對方均為主要關係人。在支持方方面，支持開發者包括慈濟基金會及慈濟內湖環境促進會，反對方則包括台灣綠黨、台灣荒野保護協會、內湖保護區守護聯盟，以及白色水鳥青年陣線等民間團體。此案例中另有若干次要關係人，例如：周邊居民或台北市民均可列入。

（三）道德問題何在？

雖然慈濟基金會提出開發申請的理由為：秉持「取諸社會、用諸社會」之理念，配合政府落實心靈改造、祥和社會之福利國家政策，為提升回饋大台北都會區之民眾及拓展未來會務之所需，規劃於北側土地設立「慈濟內湖社會福利園區」，設置國際志工發展中心、救災調度與訓練中心及社會教育中心，提供慈善、教育、文化等社會福利事業，但對此開發案有疑義的輿論提問：為能進一步促進更大的社會之善，開發一塊有爭議的土地是否合適？

（四）有何解決方案？

本案以最直接的解決方案來說，至少有繼續開發與停止開發兩種選擇。然此案例有另一解決方案，即繼續像過往一般先維持現況或置之不理。

（五）有何道德限制？

依據三種解決方案，以下根據三項倫理規範加以分析：

1. 繼續開發	2. 停止開發	3. 維持現狀
(1) 就效益論而言，繼續開發對慈濟基金會與後續可能受到幫助的民眾具有極大效益。然而，對台北市民來說卻不一定是開發的受益者，特別對於未能解決是否淹水的問題之前，周邊居民需要忍受因開發帶來的必要之惡。	(1) 就效益論而言，支持與反對方在效益上是彼此衝突的。停止開發雖然符合對環境的保護與對內湖（甚至台北）居民的權益，但對慈濟基金會卻為極不具效益的結果，畢竟慈濟基金會已投入相當的時間與金錢於其中。	(1) 就效益論而言，維持現狀僅能在短時間內暫時消弭爭端，從長時間來看對問題解決沒有幫助。
(2) 就義務論而言，開發（此土地）符合慈濟基金會增進善經濟之義務。但另一方面慈濟基金會卻沒有負起應對內湖基地開發地區所應盡之環境責任，也未能負起應保護當地民眾之相關義務。	(2) 就義務論而言，停止開發符合人對於環境保護的義務，但卻不符合慈善事業對人心安頓的義務。慈濟基金會接受社會各界捐款，如同允諾將會透過正確且有效率的方法使用善款，促進善經濟。若停止開發，就是違背對捐款者的承諾。	(2) 就義務論而言，維持現狀從各方面均未積極盡到應盡義務： i. 就慈濟基金會來說，未能盡到對捐款者期望基金會開發善經濟之義務。 ii. 就政府方面，未能盡到對環境與市民安全保護之義務。

| (3) 就德行論而言,「堅持繼續開發」與當地居民的擔憂彼此衝突,若是繼續開發必然破壞彼此間的關係和諧;因為雙方未能達成共識,甚至進入彼此攻訐的局面。這樣的結果不符合德行論對關係和諧追求的目標。 | (3) 就德行論而言,停止繼續開發在現況下能夠安撫當地對此建案有所疑慮之居民,進一步修補雙方關係,符合於德行論要求對關係和諧的要求。但是,我們可以進一步問:難道為了關係和諧就只能停止開發嗎?此種處置符合德行論要求能力卓越之目標嗎? | (3) 維持現況是過往多年來的政策,但在某個程度上只有在德行論上符合關係的暫時和諧。 |

(六) 有何實際限制?

不論開發與否,該塊地區都相同面對兩項實際限制,必須考量:

1. **就法律和現實層面須面對保護區解編與環評需要之問題:**
   (1) 內湖基地所在地是否為保護區或山坡地,雙方意見分歧。反對者主張,該地區具有多重不應開發之環境條件,包含環境敏感地斷層、附近曾有礦坑遺址、山地為順向坡、下方為湖區、土地主要以回填區為主,且為谷地集水區。該區既為自然環境保護區,若進行解編,勢必強烈影響生態。尤其 2005 年,慈濟基金會再度提出申請計畫,希望將 4.48 公頃大湖里保護區變更為「社會福利特定區」。據該計畫書內容,基地內建蔽率為 35%,保留 65% 的開放空間,將規劃興建社福、志工發展中心大樓。反對開發者強調,該地段既為山坡地,如此開發有危害生命財產之虞。特別 2001 年納莉風災大雨期間,該處有 5 位居民不幸喪生,更證明開發不當之可能結果。
   (2) 故若需開發,應受環評檢驗。不過慈濟基金會指出,依專業技師調查,以及市政府都委會於 2010 年 12 月 6 日之審查會,該區無順向坡、礦坑遺址或斷層。慈濟基金會表示,該地區雖號稱山坡,但總面積 77% 為法定之平地,不適用環評要求。

2. **就「實際潛在」層面來看，則需要面對淹水的爭議**：由於納莉風災曾經淹水，故反對者以擔憂淹水為主要反對理由。反對開發者主張，水域於下方大湖匯流，大湖水若無法排出造成水流競爭，難保不會發生淹水狀況。但支持開發者認為，大湖山莊與內湖基地分屬不同水域，兩者在淹水的天災上並無直接關聯。

（七）最後該做何決定？

　　雙方的歧見一開始並未完全爆發，僅屬於不同立場的論辯。在慈濟基金會於 2005 年後再度提出申請此一狀況下，內湖保護區守護聯盟開始拉高抗爭行動，致使雙方抗爭與論辯爭議不斷擴大。整個開發爭議在 2014 至 2015 年白熱化，直到 2015 年 3 月 16 日慈濟功德會正式宣布「內湖園區開發案」撤案後，爭議才逐漸停止。慈濟基金會表示將不再申請變更地目，以回應民眾期待，未來並將朝「土地復育」的方向面對該園區。此舉動符合於德行論所期望關係和諧之目標。從利益角度觀之，短期來說慈濟基金會所投注的資金算是損失了，但從較長遠的時間來看，慈濟基金會的損失可被視為企業社會責任的實現與投資，反而產生與社會間的利益和諧。

延伸思考案例

1. 2001 年美國發生的安隆案。
2. 阿里山林鐵交由宏都集團進行 BOT 案與解約始末。
3. 樂生療養院土地開發爭議。

五　業主／客戶

　　工程倫理，或是科技業界常見的困難與問題，是人際關係尺度的拿捏。為此，我們可以理解為何《工程倫理手冊》列舉對象與常見之工程倫理課題的範圍包含有人情壓力問題、綁標問題、利益輸送問題、貪瀆問題、機密或底價洩

露問題、合約簽署問題、據實申報問題、據實陳述問題、業務保密、智慧財產權歸屬等與人際關係密切相關的倫理難題。在這個部分，我們舉出兩個實際案例，說明工程倫理在此之困難：第一個案例是空中巴士 A350 採購爭議。該採購案被批評為不合常規，但部分批評者不具航空工程專業，僅從金額或慣例角度看待；此案例可說明工程與科技倫理涉及專業能力時的意見落差。另一個案例則與利益輸送及貪瀆問題有關：桃園合宜住宅弊案。該弊案顯然有收受回扣導致底價洩露之情事，符合此處所列舉主題。

❖ **案例 9：空中巴士 A350 採購爭議**[60]

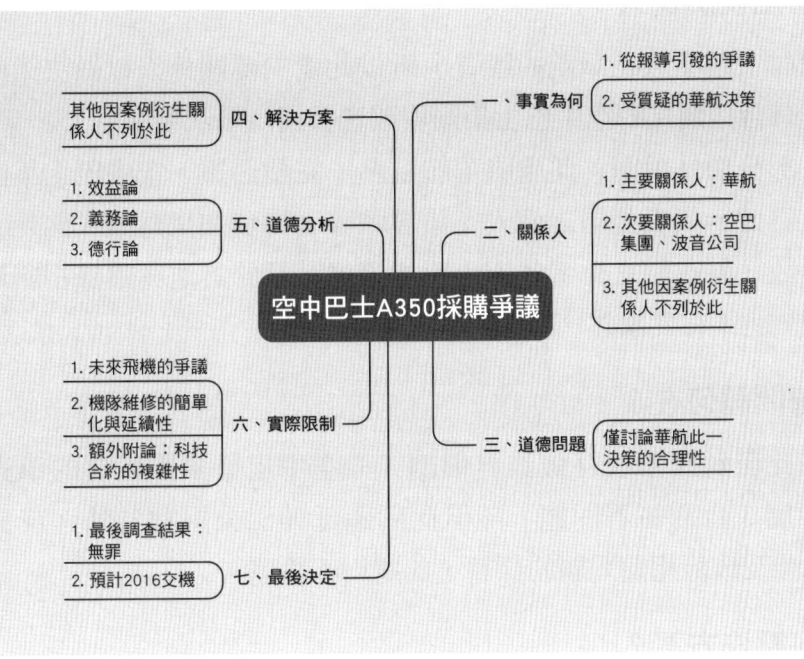

▲ 圖 8.9

（一）事實為何？

1. 該事件最初出現在 2008 年 3 月，《壹週刊》第 358 期的報導。報導指出，在總統府主導下，華航與空中巴士集團簽下新台幣 1,200 億元合約，購買八年後才能交機的空中巴士 A350-900 型客機。報導因此質疑，華航急於完成

---

[60] 採購 A350 客機的弊案，能參考資料相較其他案例少。參見《壹週刊》第 358 期，網址：http://goo.gl/1zKwvk；〈華航 A350 採購是弊案嗎？〉，網址：http://goo.gl/VCsJW；〈查無不法：華航購機弊案簽結〉，網址：http://goo.gl/qDiIDm

這筆交易,並有掏空國庫的疑慮。
2. 華航所購買的 A350-900 型客機,在 2008 年報導刊出時僅止於紙上作業,尚未試飛成功。華航回覆,若此時不買就買不到,所以需要快速下訂。
3. 部分人士指稱,華航購機未詳加考慮波音集團生產之波音 787。波音 787 外號「夢幻客機」,當時已經正式進入量產。相較之下,A350 客機還僅是停留紙上作業。
4. 購機同時,華航本身財務存有若干困難,所以部分人士指稱,華航購機行為不符常理。

(二) 有何主要關係人?

由於探討主題僅放在華航的購買,所以此處主要關係人以做決策的華航為主;與之具有合作關係的空中巴士集團與波音公司均屬次要關係人。

關係人部分額外說明:此處將華航視為一完整個體,空中巴士集團與波音公司亦同。為此,代表公司之個人、領導職等不特別加以討論。此外,因避開政治問題,故凡屬政府官員者此處也不加論述。至於其他與購機相關產生的可能觸及問題,也不在此論述。

(三) 道德問題何在?

我們在此僅討論華航打破業界慣例,向空中巴士集團購買的舉動是否合理。此問題屬「合約簽署問題」。但此問題延伸出來對利益輸送或貪瀆等問題,其他凡涉及政治相關問題的探討,此處均不論述。

(四) 有何解決方案?

此處我們僅探討華航此一行為在道德與實際限制上所發生的種種狀況,並避開複雜的機械比較或合約問題。

(五) 有何道德限制?

就道德原則來看華航的購機,我們可以分析如下:

1. 首先,就(商業的)效益論而言,客機的購買涉及龐大商業利益,因為除客機本身的購置外,舉凡訓練、維修等都涉及到龐大商機。客機購買的歷史上,最著名的弊案包括 1970 年代日本全日空採購弊案:當時的首相田中角榮在

受到洛克希德龐大金額的賄賂後，讓本來購買 MD-10 的全日空轉向購買洛克希德 L-1011 客機。報導指出，基於類似龐大的商業利益，當華航決定向空中巴士集團購買多達二十架 A350-900 的全新客機，並在簽訂購機意向書僅一個月後，華航就再與空中巴士簽署正式合約，並訂出成交價總金額約新台幣 1,200 億元。而這個價格比之前設定的談判底線，至少超出新台幣 160 億元的金額。然而，雖然華航購買的客機似乎是未來客機（華航於 2008 年下訂單，但 A350 客機在 2013 年 6 月 14 日才試飛成功），但考慮到民航機市場嚴重的供不應求，各國航空業不斷成長，主要供應商卻只有波音與空中巴士兩家，所以各國預購飛機是理所當然的。若華航在 2015 年取得 A350-900 的新機，主力機種之一的 A340 機齡已經 15 歲，而部分 747-400 型客機更達到 20 年的機齡，所以 2008 年就下訂單算是剛好銜接。至於多出來的新台幣 160 億元，有可能是為了保留購機選擇權的緣故。就此而言，華航的行為仍符合效益論的評判。

2. 就義務論而言，華航受到較多質疑。華航雖以民營為主，但因為過往國營色彩強烈，故許多時候仍與政府官方有較多聯繫。在此前提下，華航所採購的此款客機與公司內部設定規範有若干落差，談判過程中卻未考慮指數調升（escalation）的相關問題。從公司經營的義務來看，即便不談論與政府間的關係，未替投資人做更為審慎的把關，實有違背公司經營義務之嫌。然而，就維護公司長遠經營來看，雖然波音 787-900 型客機性能號稱較空中巴士 A350-900 為佳，但若訂購波音公司之客機，交機日期可能更為延後，也可能使趨向高齡之機隊須擔負更多風險。為此，選擇能較快交機的選項符合公司經營義務。

3. 就德行論而言，華航進行選擇時並未認真考慮關係和諧此一項目。雖然公司進行政策選擇與執行屬於公司內部行為，然以華航等級之公司，在面對可預期的爭議時，若能對利害關係人實施較為嚴謹之公開說明，或許更能維護公司長久建立的形象。

（六）有何實際限制？

華航的決策受下列實際限制影響：

1. 當時 A350 客機是空中巴士集團研發中的新型客機，特別是研發中的引擎問題讓人擔憂。該機種預備搭載的引擎為勞斯萊斯 Trent XWB 引擎，該引擎為

2004 年空中巴士集團因受客戶壓力之故，與勞斯萊斯（Rolls-Royce）公司合作後的產物，這部引擎甚至在《壹週刊》於 2008 年報導這則新聞時尚未完成，直到 2010 年才進行測驗台上的測試。事實上，華航從未發生過購買新客機時引擎還在研發階段的這種狀況。

2. 從現役機隊來看（詳下表），華航朝向讓機隊維修簡單化是合理的政策。尤其在列出現役機隊的狀況後更可發現，華航目前機隊的組成就是世界兩大客機公司的龍頭。因此，購買 A350 對延續機隊使用、訓練與維修具有極大效能。

波音集團	空中巴士集團	其他公司
* 747 系列共 13 架 * 747 貨機共 21 架 * 737-800 客機 14 架（另含 5 架購機選擇權） * 777 客機已下訂 10 架，另有選擇權 24 架	* A330 客機 11 架（另含 1 架購機選擇權） * A340 客機 6 架 * 尚未購入之 A350 客機 14 架	無
全機隊客貨機現役共 48 架	全機隊共 17 架	
曾經用過 707、727，部分早期 737 機種與 767	曾經用過 A300 及 A320	著名的包括 MD-11

3. 額外附論的是，從 A350 的採購爭議可以看出科技工程業界合約簽署的困難與問題。購買一架廣體客機，背後涉及到的合約、影響範圍比一般非專業人士所能想像得還要複雜。華航捨棄波音 787，而採購 A350 雖被批評為錯買，但是否真如外界批評此筆交易為錯買，最後還是要在確實交機且營運後才能確定。

（七）最後該做何決定？

2011 年 3 月，特偵組認為雖然華航被控違反業界購機先支付 1% 至 1.5% 簽約金慣例，涉及違反證交法及背信罪嫌，但並無不法事證。因為當時空中巴士公司願意釋出善意，提高購機優惠條件，加上競爭對手波音公司不論價格或交機時程皆不如空中巴士公司，因此最後決定和空中巴士簽約。所以，會造成如此大的爭議只是因為關於華航公司與空中巴士公司歷次協商交易條件內容，涉及商業機密，無法對外透露。華航訂購的 A350 客機將在 2016 年正式交機 4 架。

❖ 案例 10：桃園合宜住宅弊案 [61]

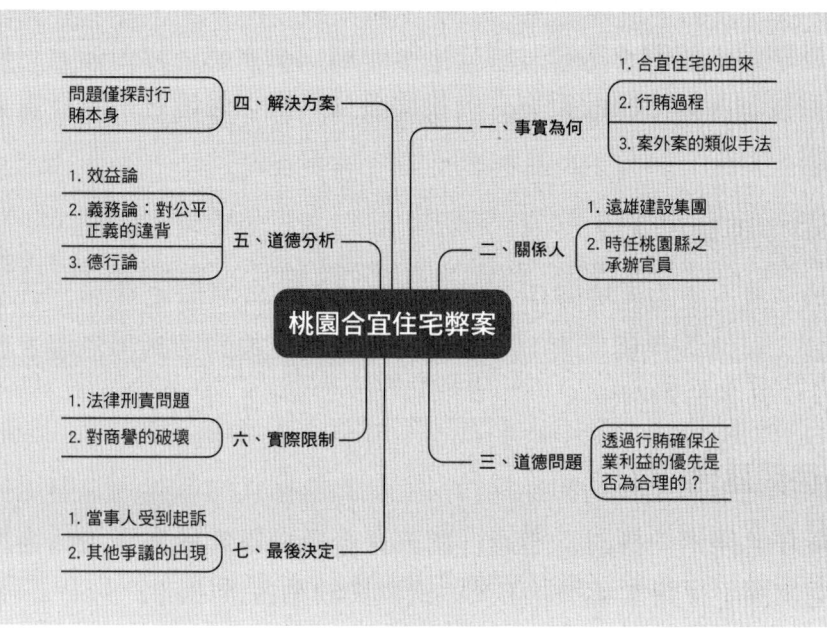

```
                                                    ┌─ 1. 合宜住宅的由來
                       ┌─ 問題僅探討行 ─ 四、解決方案    一、事實為何 ─┼─ 2. 行賄過程
                       │   賄本身                                └─ 3. 案外案的類似手法
                       │
                       │  ┌─ 1. 效益論
                       │  ├─ 2. 義務論：對公平 ─ 五、道德分析                 ┌─ 1. 遠雄建設集團
                       │  │   正義的違背                        二、關係人 ─┤
                       │  └─ 3. 德行論                                     └─ 2. 時任桃園縣之
                       │                                                      承辦官員
                                        桃園合宜住宅弊案
                       │  ┌─ 1. 法律刑責問題                                ┌─ 透過行賄確保企
                       │  ├─ 2. 對商譽的破壞 ─ 六、實際限制    三、道德問題 ─┤ 業利益的優先是
                       │  │                                                └─ 否為合理的？
                       │  ├─ 1. 當事人受到起訴
                       │  └─ 2. 其他爭議的出現 ─ 七、最後決定
```

▲ 圖 8.10

（一）事實為何？

1. 由於台灣房價日漸增高，且到達一般上班族無法負擔的地步，為能落實居住正義，內政部於 2010 年 4 月推動健全房屋市場方案。方案中特別辦理出售式公共住宅（簡稱合宜住宅）。

2. 該公共住宅的建築概念類似過往國宅，但為避免與過往國宅出現相同的品質問題，興建方式為政府提供土地，以較低價格賣給民間建設公司與廠商，由民間建設和出售。該方案推出後，多有建設公司和政府合作，興建合宜住宅。

3. 合宜住宅建築興建中爆發行賄醜聞：參與建設的 F 集團在該集團高層 C 先生的授意下，涉嫌對地方官員 Y 先生行賄，以換取建案的承作權。Y 先生在招標期間，擔任該縣都市計畫委員會主任委員。C 先生為能使所屬建設公司

---

[61] 由於本書撰寫期間該弊案仍在審理中，故該案例之寫成極大部分參考新聞報導及起訴書之內容。另外社會住宅推動聯盟基於理念對此案非常關注，本案例撰寫在極大程度上也參考該聯盟網站若干資料。由於該案仍在審理，尚未定讞，故本文在相關當事人等皆以代號稱謂。此一方面保留對司法程序與當事人的尊重，二方面也在自保，免涉刑責。學習者對相關案例的論述需儘可能謹慎，明哲保身。

取得標案，指派集團另一名高階主管 W 先生，透過認識 Y 先生的 Z 教授牽線，以新台幣 2,600 萬元行賄。由於 Y 先生在該計畫案中扮演重要角色，且掌有重要情資，故能多次將合宜住宅案相關規劃資訊，以書面資料轉交該集團，或直接當面以口頭面授方式，協助該公司得以優越之投資計畫書於評選會中勝出。

（二）有何主要關係人？

此案例中最主要的直接關係人為 F 建設集團（以高層 C 先生為代表），以及承辦官員（以 Y 先生為代表）。至於居中協調牽線的 Z 教授應屬 F 建設集團相關關係人，故不特別列出。

（三）道德問題何在？

我們擬在此案例中探討：透過行賄確保企業利益的優先是否為合理的？或者更精準地詢問：行賄本身所能帶來的優點與缺點各為如何？

（四）有何解決方案？

此問題基本上預設兩個可能的方案：行賄與否。由於問題僅探討行賄本身而不探討其他相關問題，故僅列此兩方案。

（五）有何道德限制？

針對以行賄手段確保企業優先利益的處置作法，道德分析概略如下：

1. 就效益論而言，雖然行賄在短時間內可獲取企業與個人的最大利益，這基本上是一種對效益的迷思，即誤以為能獲取最大的金錢或權力效益者即是善的結果。根據本書前文對賄賂行為的討論，賄賂並不能真正取得市場公平機制。因此《工程倫理手冊》中指出，工程人員受業主或客戶委託所完成之成果及相關資料，如未經其同意或授權即予公開或洩露予他人，可能造成困擾、爭議或影響他人權益，故工程人員應對其所承辦業務注意保密。[62]

2. 就義務論而言，合宜住宅建設之目的即為追求居住正義，破除財團對建設物的掌控，並抑制房價的飆升。但是，八德合宜住宅卻出現如此重大弊案，讓人不免對合宜住宅能否實踐居住正義產生疑慮。為此，社會住宅推動聯盟與

---

[62] 行政院公共工程委員會編印，《工程倫理手冊》，2007.3，頁 18。

無殼蝸牛聯盟發表新聞聲明稿，強調合宜住宅是政商合謀，「以居住正義為名，行圖利建商之實」的糖衣毒藥，要求政府停止辦理。聲明稿中指出，該政策並不能解決高房價問題，要求行政院立即承諾往後不再推動任何「合宜住宅」，改以「只租不售的社會住宅」與「不動產稅制改革」為首要政策推動方向。

3. 就德行論而言，或許可以用賄賂行為雙方能獲取關係和諧作為辯護理由。但是德行論同時考慮到與所有可能的利害關係人的觀感，以及社會所賦予之誠信問題。行賄本身基於前兩項理由，社會評價與誠信部分通常給予負面評價，故不符合德行論觀點。

（六）有何實際限制？

行賄最直接的實際限制就是涉及法律刑責。例如：《刑法》第 121 條規定：「公務員或仲裁人對於職務上之行為，要求、期約或收受賄賂或其他不正利益者，處七年以下有期徒刑，得併科五千元以下罰金。犯前項之罪者，所收受之賄賂沒收之。如全部或一部不能沒收時，追徵其價額。」雖更進一步，賄賂問題可細分貪汙與圖利等不同項目，但總體來說均屬違法行為。

此外，賄賂對企業形象容易造成不好的影響。雖然俗話說「無奸不商」，但一般民眾對於商人應遵守之誠信及 CSR 仍有若干期待，故不能以約定之潛規則作為逃脫之詞。

（七）最後該做何決定？

該事件的最新發展，包括 F 建設集團與其他地方政府間的建築爭議連帶被掀了出來，其中若干設計與合約內容也引發民怨。而 Y 先生所經手的其他相關建案中，由於涉及合約問題，以及圖利特定公司導致監工與驗收上不確實，現已出現建築基地和申請建照面積出現落差的問題，可能導致最後完工後無法取得使用執照，甚至無法交屋的情形。為此，許多住戶前往建築基地抗議，希望政府提出解決之道。

延伸思考案例

1. 航空公司與機師簽約時綁長約是否合理？
2. 宜蘭農地興建問題用法律加以處理是否能夠解決？

六　承包商

在承包商這個部分，手冊列舉出的問題包含：一般贈與饋贈、回扣之收受、圍標、搶標、工程安全、工程品質、惡性倒閉，以及合約管理等問題。承包商與工程相關的部分，從廠商招標開始就已經存在。較為常見的問題是：承包商為了取得工程合約而產生的不當利益往來是可以被接受的嗎？大凡工程進行中的種種問題，包含設計、安全，甚至價格、成本，以及事後的驗收等問題，均與承包商有關。此處我們將舉出兩個實例，說明發包與承包商間的關係：第一個案例說明事業體對整體工程品質的無法掌控，此處列舉阿里山森林鐵路發生的兩次意外；另一個例子則是關於承包商自身能力不足的案例，此處列舉承包台鐵 PP 自強號的大宇精工為例。

❖ 案例 11：阿里山林鐵意外 [63]

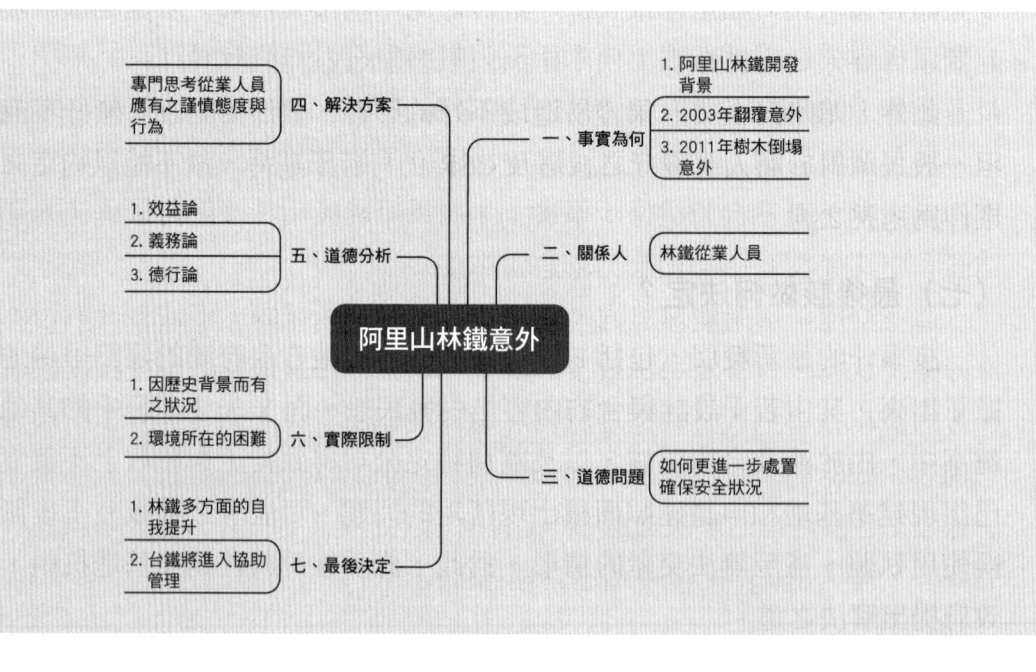

```
                                      ┌─ 1. 阿里山林鐵開發背景
         ┌─ 四、解決方案 ──專門思考從業人員    ─ 一、事實為何 ─┼─ 2. 2003年翻覆意外
         │                應有之謹慎態度與行為                  └─ 3. 2011年樹木倒塌意外
         │
         │                ┌ 1. 效益論
         ├─ 五、道德分析 ─┼ 2. 義務論       ─ 二、關係人 ── 林鐵從業人員
         │                └ 3. 德行論
  阿里山林鐵意外
         │                ┌ 1. 因歷史背景而有之狀況
         ├─ 六、實際限制 ─┤                 ─ 三、道德問題 ── 如何更進一步處置
         │                └ 2. 環境所在的困難                   確保安全狀況
         │
         │                ┌ 1. 林鐵多方面的自我提升
         └─ 七、最後決定 ─┤
                          └ 2. 台鐵將進入協助管理
```

▲ 圖 8.11

---

[63] 這個部分相關資訊主要來自於《維基百科》上對阿里山森林鐵路的紀錄與資訊，特別是〈阿里山森林鐵路〉及〈2003年阿里山小火車翻覆事故〉兩個條目。較為特別的是，新聞媒體對兩次意外都有相當完整的分析與說明。本段落的撰寫乃根據上述資料完成。

（一）事實為何？

1. 阿里山森林鐵道多年的營運中，阿里山林鐵曾發生過數次重大交通意外，其中以 2003 年的翻覆意外，與 2011 年列車被樹木擊中的意外最為嚴重。

2. 2003 年 3 月 1 日下午 2 點，一列由沼平站開往神木站的列車，於彎道處撞上山壁，造成 17 人死亡、205 人輕重傷的悲劇。事後調查發現，發車前列車長、檢車士、司機員和司機工未確實做好應該進行的行車檢查，以致無人發現煞車系統中用以貫通機車和車廂的「角旋塞」沒有打開。為移車方便，車輛人員在站內將輔助風缸內的壓縮空氣放掉，而檢車士未依規定於發車前進行氣軔貫通，所以列車在角旋塞未開的情形下發車。列車在如同沒有煞車的情況下，載著旅客從阿里山站返回嘉義站；在行經事發地點時，因為機車的煞車系統無法對車廂作用導致車輛超速，最終翻覆造成此次悲劇。

3. 事發之後，檢車士、正副駕駛及列車長等 4 人，均依業務過失殺人被提起公訴，具體求刑三年到三年六個月。林務局事後與大部分傷者和解，賠償金額總計新台幣 2 億 1,991 萬 9,340 元；另外，死者每人賠償新台幣 950 萬元。林務局另外向 4 名肇禍員工求償，法官最終判決 4 名員工共須賠償約新台幣 1 億 5,000 萬元。判決後，監察院提出彈劾報告，直指該事件確為人為疏失。而檢車士在 2005 年自殺，成為悲劇中的另一個不幸事件。另外，為紀念出軌事件，發生意外處立「阿里山森林鐵路癸未車難記事」紀念碑。

4. 2011 年 4 月 27 日，神木線第 111 次列車在行經林鐵 70K + 25 公里處時，距離鐵軌 8.5 公尺處的一株森氏櫟樹幹突然斷裂，擊中列車第 7 節車廂，並導致第 5 節至第 8 節車廂翻覆，造成 5 人死亡與 113 人受傷的慘劇。

5. 該事件事後調查發現，阿里山林鐵本就設置有鐵路巡查機制，於發車前巡視鐵道沿線 5 公尺內之樹木與山坡狀況。這次擊中列車的樹木位置在巡查範圍外，事發當時因為蟲蝕與腐朽導致樹木生長應力消失。雖有人提出質疑，為何當列次加掛四節車廂，但事後證實加掛車廂屬於合法規範，官方事後也提出補救措施。該次車禍罹難者均為來自中國大陸的觀光客，每位罹難者獲得保險金和慰問金共新台幣 880 萬元。

6. 阿里山林鐵從日據時代開始，就以資源運送為目標，並非以載客為鐵道鋪設的主要考量因素；以此先天條件，阿里山林鐵要維繫固定的行車品質確有其

難處。從 2011 年事故可以發現，即便行車前有對行車路線進行檢查，整體路線仍有無法控制或克服的難題。例如：1999 年的 921 大地震摧毀眠月線及阿里山車站，直到 2007 年阿里山新站體才重新完工。整條路線在 2009 年又因為八八風災全線停駛，2010 年僅復駛祝山線及神木線，直到 2011 年才逐步恢復正常。

（二）有何主要關係人？

此案例中，我們僅列舉阿里山林鐵之從業人員為關係人。

（三）道德問題何在？

此案例中，我們將專門思考面對較為險峻之環境，從業人員應如何更進一步處置與面對，以確保最佳的安全狀況？

（四）有何解決方案？

此案例中，我們專門思考從業人員應有之謹慎態度與行為。

（五）有何道德限制？

此案例中，與從業人員相關的道德規範如下：

1. 就效益而言，雖然將過往運送林業之林鐵轉型為觀光營業鐵路，能促進對國民旅遊的效益，但消基會卻從另一方面指出其中問題：林務局在火車的營運方面沒有足夠的專業能力，致使林鐵的行駛未能完全符合安全性要求之維修及管理。事實上，早在 1978 年及 1981 年就已經發生過死傷的車禍意外，特別是 1978 年的意外完全屬於人為疏失，所以 2003 年的事故在相當大程度上可說是過往未能徹底改進的後果，至於 2011 年的意外則突顯出阿里山林鐵在工程品質上許多不可抗力之因素。

2. 就義務論而言，該事件明顯不符合一般社會大眾對於列車專門人員的期待，因為交通運輸從業人員在交通工具安全上有其應盡之職責。列車類之專門機械，安全檢查為相當重要之基本要件。但在 2003 年的意外中，列車人員因求一時方便，未盡到對列車完整之檢查，並貿然出車。如此舉動並未負起對搭車旅客安全之義務。

至於 2011 年發生的事故，嚴格來說已超過巡查員所能負責之範圍。因巡查員已盡自身最大能力，巡查鐵路沿線 5 公尺內範圍。但斷裂樹木出現在 5 公尺外，加上人員未能配置適當器材，固已超出能力範圍。
3. 就德行論而言，林鐵事後的補救措施與改進方案符合德行論期望能力卓越的要求，並能透過這些措施達到更高層次之安全規範，詳述於後文。

（六）有何實際限制？

　　此案例中，最大的限制在於阿里山整體環境的問題：由於近年來極端氣候影響，致使阿里山許多地方有走山與坍塌的狀況發生。在 921 地震與莫拉克風災後，林鐵均出現長期中斷之狀況。換言之，阿里山林鐵之從業人員最大的困難與問題，在於整體環境的限制。例如：2011 年的事故可說是非所能預防者。

（七）最後該做何決定？

　　為能維護行車品質與安全，2011 年的意外後，林鐵全面檢視各項行車安全措施，並下令包含神木線、祝山線及沼平線均停駛撿查，以全面清查鐵路兩旁有無危害木。另外，阿里山林鐵制訂定期總體檢查機制，包括邀請台鐵學習營運管理以全面提升鐵路系統硬體及軟體的品質，並邀請各方面專家學者辦理總體檢。另外，也採用科學儀器輔助檢測，於邊坡環境敏感之區位加裝地質監測儀器，必要時使用非破壞性儀器加以檢測，用以判斷林木是否劣化加劇。

　　為能確保鐵道運行的安全，嘉義林區管理處在委外經營結束後收回自營。台鐵已自 2013 年開始協助阿里山林鐵的營運工作，並於 2016 年將全面移交台鐵經營。

❖ 案例 12：台鐵 PP 自強號採購案 [64]

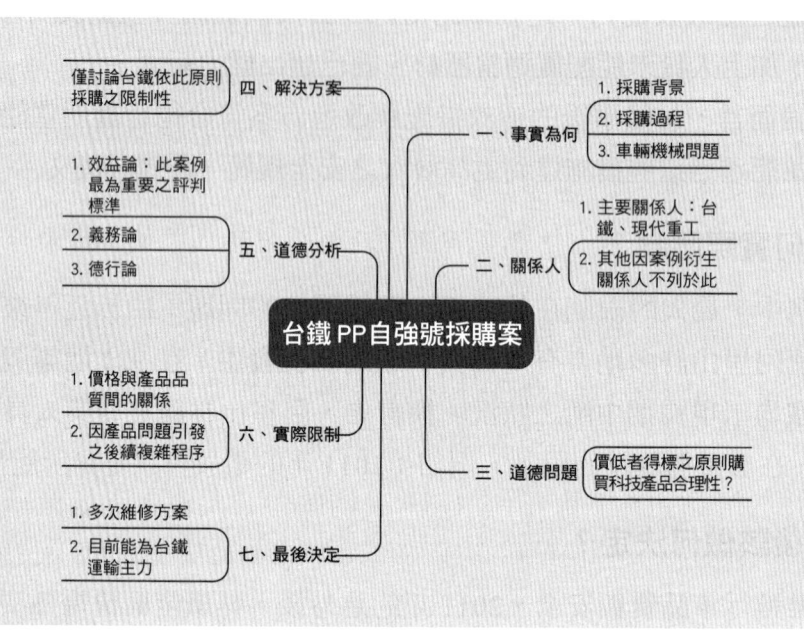

▲ 圖 8.12

（一）事實為何？

1. 1990 年代初期，台鐵注意到西幹線營運上對客車需求量的增加，遂於 1996 年引入由南韓現代重工得標的一款列車。該組列車正式編號為 E1000 型推拉式自強號，簡稱 PP 自強號。該採購案為台鐵史上最大宗「整批列車採購案」，一共購入含機車頭在內車超過 400 節車廂。首批列車於 1996 年 4 月引進台灣，經測試後正式上路，成為台鐵主力車種。

2. 據悉承包商現代重工並無足夠的機車頭製造技術，故現代重工將動力車頭部分轉標，並由南非聯合鐵路客貨車公司（Union Carriage and Wagon，簡稱 UCW）得標，現代重工僅負責客車車廂的製造生產。該車得標價格低廉（據新聞報導，預算僅有台鐵原本預計的一半），故零件選取上儘可能以低價為主。加上設計不良影響，到 2005 年中旬就已出現故障連連的窘境。

---

[64] 關於台鐵 PP 自強號採購與維修的問題，網路上《維基百科》條目〈台鐵 E1000 型推拉式電車〉的記載屬於詳實且直接的，可作為最初步的認識。此處所記載相關資料，特別是新聞事件，大多數均可透過新聞的搜尋得到所需資訊。參見〈PP 車問題多　駛來膽戰心驚〉，《自由時報》，2005 年 7 月 3 日。監察院在調查該起事件後，已於 2009 年提出糾正文。

3. PP自強號為推拉式列車，前方的機車頭出力必須比後方機車頭小一些，這是因為前方機車頭車輪的摩擦係數小於後方機車頭，但PP自強號前後機車頭出力相同，很容易讓牽引馬達燒壞。
4. 機車頭車輪軸重不夠，台鐵因應方式為在車架上加鐵塊。但是，車頭變重後車軸還是不夠重，在強大的牽引馬達帶動下，就常發生車輪在鐵軌空轉的情況，車輪空轉容易導致馬達過載而斷電。由於故障過多，台鐵被迫提出因應方式，除了加掛補機或取消班次的方式暫緩問題外，當時也會在時刻表上加註該車次是否為PP自強號以供選擇，然已造成旅客怨聲載道。

（二）有何主要關係人？

在此案例中，主要關係人包括台鐵及現代重工。基於案例討論以「價低者得標」為主，現代Rotem公司併購現代重工後的公司在此也不列入關係人，僅在文後最後決定部分略為說明。

（三）道德問題何在？

在此案例中，我們探討：依「價低者得標」購買科技產品究竟合不合理？

本案例於日後調查所發現的種種問題，包含合約管理上的諸多問題，或是2003年現代重工撤離台灣時未有的積極處置等等，或者該車輛本身所具有的機械問題、烤漆問題，以及日後的政治問題等等，均不在此處討論。

（四）有何解決方案？

我們在此專門討論一個議題，就是台鐵在此案例依循「價低者得標」對其在道德與實際上有如何限制？

（五）有何道德限制？

1. 就效益論而言，依循「價低者得標」在原則上可讓台鐵得到極大利益。相同規格與條件下，最低價格能為台鐵省下採購費用。然在本次案例中，不論現代重工或是後來加以併購的現代Rotem公司在處置方面均不理想。其並未真正盡到公司效益最大化的考量，特別是未能仔細考慮未來的經營問題：該公司無法提供與生產產品應具有之保障與維修。從台鐵角度來看，此次得到「價低者得標」的不良後果，也就是產品因考量價格低廉，所以必須付出產

品品質不佳的代價。就此而言，從效益論分析，不論台鐵或是現代重工均沒有獲得真正長遠的效益。
2. 就義務論而言，「價低者得標」符合一般採購者的基本義務。採購者的義務之一為以低廉價格取得高品質產品。尤其台鐵使用經費來源為台灣人民稅收，更應負起相關義務。所以，當台鐵遵守此項原則時，其符合義務論之要求。

　　但是更進一步來看，台鐵雖然依循此原則，得到價格低廉之列車，但該列車同時也是瑕疵品。從運輸安全的角度來看，台鐵並沒有為搭乘旅客的安全把關，也沒有盡到機械專業的責任，所以雖然用低價買入低廉列車，卻違反對自身專業與保護旅客的義務。
3. 就德行論而言，「價低者得標」在商業行為（與默契）上符合期待。台灣基於多項法律明文規定，「價低者得標」為明確作法與行為。此案例台鐵最後採用現代重工之產品符合社會所期待之誠信。

（六）有何實際限制？

　　雖「價低者得標」符合商業或科技慣例，然價低與產品品質間不必然具有關係。就買賣關係而言，價低者容易發生品質不佳的狀況。因此，若遵循「價低者得標」原則，就必須承擔品質不佳的負面結果。

　　產品品質不佳在產品的買賣上產生連鎖效應，特別基於此案例中買賣商品價格金額不菲，並存有複雜合約及後續技術相關問題。故若基於「價低者得標」之原則購入產品發生技術層面問題時，後續程序、維修或零件更替均有若干需要解決與困難之問題。

（七）最後該做何決定？

　　基於此案例為因「價低者得標」之必要之惡的產物，台鐵最終必須解決此一問題。台鐵於 2005 年商請大同公司研發牽引馬達並未成功，最後只能透過法國國鐵（SNCF）擔任技術顧問，協助改善車體缺點，並透過此管道向原廠阿爾斯通採購牽引馬達維修替換。整個尋找牽引馬達的過程不是沒有向現代 Rotem 公司提出要求，但由於該公司與原廠阿爾斯通互推責任，導致事情一直沒有下文。

經由後續持續的協調，Rotem 公司針對 PP 車的設計瑕疵進行第八次改造，該次改造後 PP 自強號的營運狀況已經穩定。直到現在，PP 自強號目前仍為台鐵西部幹線，以及宜蘭、花蓮線的主力列車。

延伸思考案例

1. 台北捷運與法商馬特拉公司的爭議問題。
2. 台電核四廠龍門施工處高階主管收賄案件。

七 人文社會

科技與工程主要被建設和使用在我們的社會中。但是，不同群體間對科技、工程甚至開發常會有不同觀點，致使本身目的良善的科技與工程也衍生出人際間相關的問題；舉例來說，承包商為了利益選擇不法手段，導致黑道介入、民代施壓、利益團體施壓、不法檢舉、歧視、公衛公安、社會秩序的問題等等；此外，科技及工程也可能在開發過程中，對環境與社會產生重大影響。為此，我們在此列舉兩個科技與工程對社會產生重大影響的例證：第一個實例是每隔一段時間就爆發的鎘米汙染，另外一個則是目前仍然無解的阿朗壹古道。

❖ 案例 13：鎘米汙染[65]

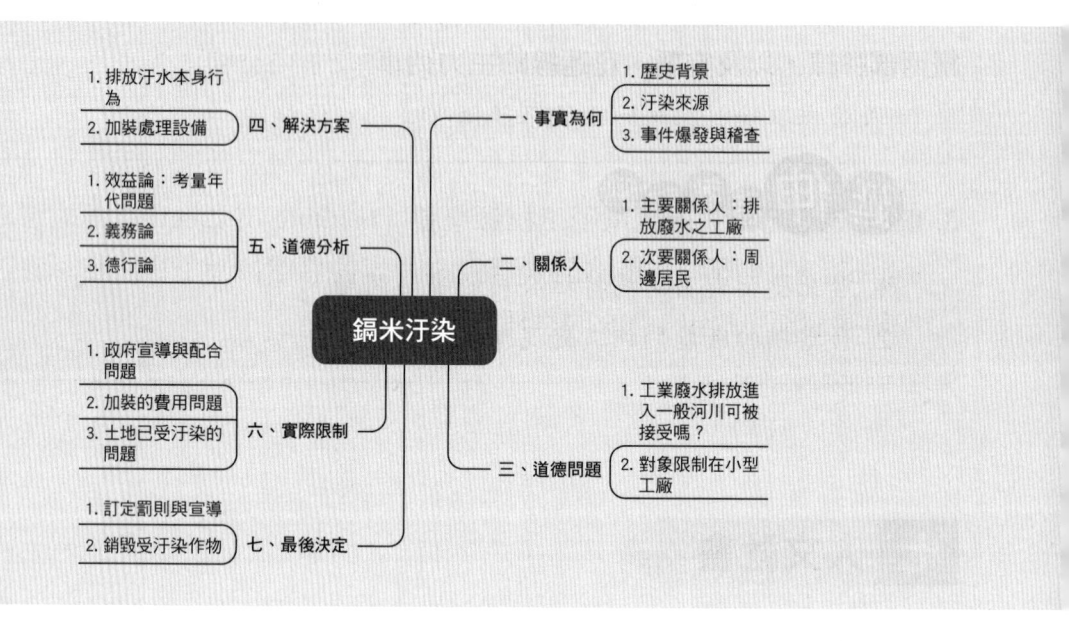

圖 8.13 鎘米汙染心智圖：

- 一、事實為何
  1. 歷史背景
  2. 汙染來源
  3. 事件爆發與稽查
- 二、關係人
  1. 主要關係人：排放廢水之工廠
  2. 次要關係人：周邊居民
- 三、道德問題
  1. 工業廢水排放進入一般河川可被接受嗎？
  2. 對象限制在小型工廠
- 四、解決方案
  1. 排放汙水本身行為
  2. 加裝處理設備
- 五、道德分析
  1. 效益論：考量年代問題
  2. 義務論
  3. 德行論
- 六、實際限制
  1. 政府宣導與配合問題
  2. 加裝的費用問題
  3. 土地已受汙染的問題
- 七、最後決定
  1. 訂定罰則與宣導
  2. 銷毀受汙染作物

🔺 圖 8.13

（一）事實為何？

1. 台灣從二十世紀中葉開始發展各式輕重工業，其中輕型或小型工業初期以家庭代工方式進行。由於當時沒有明確環保法規規範，加以台灣民眾環保意識尚未抬頭，許多汙染物就被排放到生活周邊的土壤或河流中，造成嚴重汙染。
2. 汙染起因於許多小型工廠使用鎘和鋅作為工業原料，包括：電池、塑膠製造、金屬電鍍，和生產顏料與油漆中某些黃色顏料等用途。其中，鎘汙染主要是水型汙染，成因多與含鉛鋅礦等重金屬的選礦廢水，或是有關工業，包含電鍍與電池製造等的廢水排入地面水或滲入地下水所引起。
3. 重金屬鎘是一種致癌物，人體若長時間吸收鎘，除了容易引發癌症外，也可能造成腎臟病變，嚴重甚至會產生軟骨症或自發性骨折等疾病。醫療上鎘中毒症狀無法根治也無解毒劑，僅能給予支持性或治標性治療，對人的傷害由此可見一斑。

---

[65] 關於鎘米的問題，相關資料許多報章雜誌媒體都有報導過。本書在此處主要根據台灣環境資訊協會的環境資訊中心網站上相關資料進行撰寫。另也參考環保署與農委會的網頁，上面亦有對鎘米事件的官方詳細資料。

4. 台灣在 1982 年被查出第一起鎘汙染事件。當年生產以鎘與鉛為主要成分安定劑的高銀化工被認為是疑似汙染源。該公司將含鎘廢水排放至灌溉用河川，導致農地受到汙染，種植出來的稻米均含有鎘。爾後陸續在彰化、台中及雲林等地發現鎘米。深究其因，蓋由於 60 年代台灣工業多為家庭式的工廠，小型工廠零星散布在農地間，汙水直接排入灌溉用河川所導致。上述地點中，以彰化為最大宗，可能與電鍍廠密集相關。
5. 此類汙染長久以來不斷發生，一直未能被有效處理。即便到了 21 世紀的現在，鎘汙染還是對台灣農作物造成強烈傷害。

（二）有何主要關係人？

此案例中，主要關係人為排放廢水之小型工廠，次要關係人則以周遭居民為主要對象。

（三）道德問題何在？

在此案例，我們討論的問題為：將工業廢水排入一般河川是可被接受的行為嗎？

此問題討論有其限制，一方面僅討論近年來民智已開及相關法令趨於完備的現世，而不探討早前環保意識與法規尚不明確時的景況；另一方面僅討論小型工廠，而不探討擁有大型廠房之公司、企業。

（四）有何解決方案？

此案例中，我們專門討論排放廢水的相關問題：廢水排放與否，以及另外加設汙水處理設備的可能性。

（五）有何道德限制？

排放汙水與加裝汙水處理設備之相關道德限制如下：

1. 就效益論而言，基於台灣早期缺乏鎘米產生與重金屬間關係的相關知識，不知道含重金屬汙水的排放對環境的巨大影響。但是，後來知識普及、民智已開，工廠卻仍繼續維持廢水排放，此舉雖然節省了工廠排放與處理廢水的成本，卻直接且大範圍危害河海生態與土地環境，而在效益上造成了負面效益

遠大於正面效益的結果。特別由於鎘的半衰期長達 10 至 30 年，一旦農地遭受到鎘汙染只能長期休耕，並需透過耕種對重金屬吸收力強的植物來消除重金屬殘留。此舉造成的損失極為嚴重。當然安裝處理汙水設備也是可以解決問題的方式，但對於以家庭為主的代工廠或小型工廠，卻可能造成一定程度的負擔。

2. 就義務論而言，60 年代的家庭式工廠基於不知情的情況，主觀上並無積極的善或消極減低惡的可能性。然而日後的作為雖相同，卻已然不符合公平正義的概念，此一方面由於業者敢冒違法的風險以降低生產成本的投機態度，另一方面也因政府並未積極介入將環境受汙染之惡加以阻止或處理。（當然政府的態度也可能是因為迫於普遍現實，難以雷厲風行；或是從一開始工廠登記時的資料就有問題，以致難以有效控管。）

3. 就德行論而言，早期工廠的問題由於環保意識未開，故並無在處理汙水方面追求能力卓越的相關問題。但日後既然有相關法規出現，政府亦大力宣導，此類家庭工廠應該儘可能使自身排放汙水問題減低，達至能力卓越的目標。

（六）有何實際限制？

此案例中出現的若干限制如下：

1. 政府單位於事後透過加強宣導教育與罰則之方式，規範以避免更大的汙染發生，但這一切尚須工廠的配合。雖然我們也知道排放汙水可以透過法律加以規範或處罰，但是否有充足的人力可以投入稽查工作卻也是政府單位極大的挑戰。尤其部分工廠位在偏遠地區，欲長期監管實屬不易。

2. 從德行論角度來看，工廠安裝汙水處理設備是極佳的解決之道。但部分排放廢水的工廠屬小型公司，甚至是家庭式的代工廠，安裝此類設備所費不貲，遑論日後維修、升級及保養等相關支出。我們固然可以要求政府給予補助，但現實狀況是此類工廠為數眾多，且該類成本應屬於工廠開設的必要成本；又政府當然也可以透過提高設廠的環保設備門檻以杜絕汙染的惡化，此舉恐將造成小規模工廠不堪負荷而危及生計。環境保護與人民生計的取捨，立法與執法分際的拿捏，確實存在相當程度的困難。

3. 從 1960 年代至今已過半世紀，土壤汙染的問題業已成形，雖現在加以補救，但對環境與土壤的傷害已經造成。如何恢復或去除毒性，變成新的難題。

（七）最後該做何決定？

農委會及環保署雖日後制訂法規與罰則，但鎘汙染，特別是容易吸收鎘的稻米作物，似乎每幾年就會爆發一次。新聞報導，2004 年農委會藥物毒物試驗所檢測 16 個地區共 241 筆稻米樣品的重金屬含量，結果發現共計 11 筆、共 4.94 公頃農田生產的稻米含鎘量超過食米重金屬限量標準，銷毀汙染稻穀近 3 萬公斤。這些地區主要集中在台中與彰化，兩地政府亦開始積極協助並查緝，以杜絕此類汙染不斷重複，鎘米儼然成為台灣農作揮之不去的夢魘。而目前台灣還有多少稻田受到鎘等類重金屬汙染，其實並不明確。似乎只有在被報導出來後，這個問題才會被特別重視。

本書在第貳章中曾經強調，倫理抉擇之所以困難，因為個案所涉及的問題常不單純侷限為某一範疇；而當多重利害考量、多種倫理觀點被考慮，倫理的判斷與價值的抉擇便考驗著當事人理性的深度，甚至是道德的高度。有些時候，倫理困難之所以是困難，除了一方面因個案具有足夠的複雜性之外；另一方面，也因當事人缺乏夠長遠與夠高明的辨事析理能力。很多抉擇的困難，來自科技發展進程的限度，還有當事人的短視。本節鎘米汙染所面臨的問題，應屬此類困難的典型。

從德行論角度而言，早期工廠的問題由於環保意識未開，故並無在處理汙水方面追求能力卓越的相關問題。但日後既然有相關法規出現，政府亦大力宣導，此類家庭工廠應該儘可能使自身排放汙水問題減低，達至能力卓越的目標。此能力卓越的目的，不只在解決工廠營運的適法性問題，更在追求利害關係人間的長遠和諧——此處所強調的和諧，不只是立法、執法、工廠與附近農民間的利害和諧，以此案例長遠的影響所及，我們似乎更應將和諧的考量擴及社會群體的長遠利害影響，以及環境永續的長遠發展。德行論者會強調，政府部門與工廠負責人在面對複雜的倫理考量時，應能勇敢選擇自己認為正確的行為，並將行動視作自己思想和信念的實踐，讓所思與所行達臻和諧，言行一致。

❖ 案例 14：阿朗壹古道開發爭議 [66]

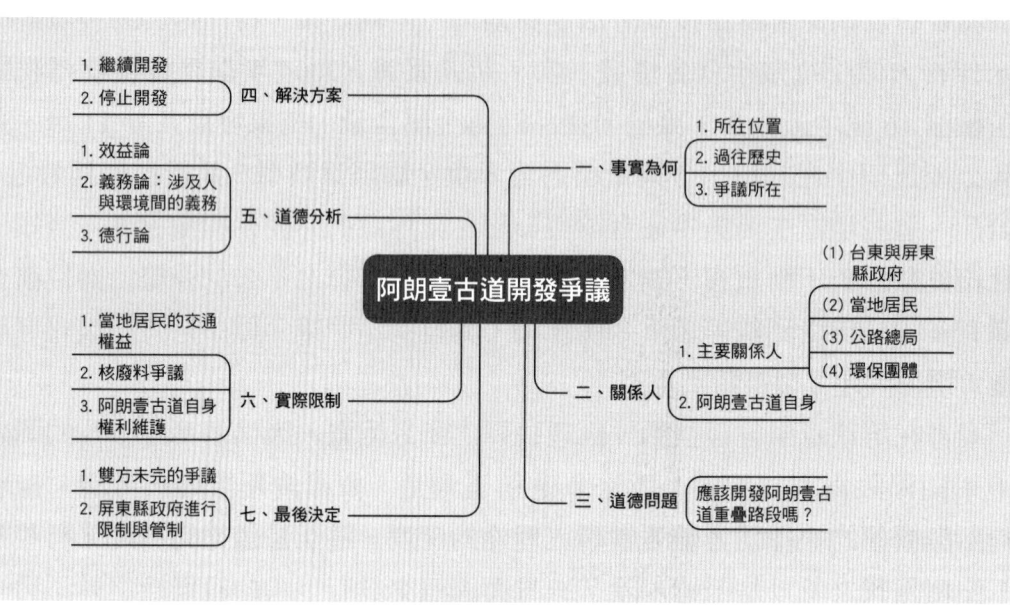

```
四、解決方案
  1. 繼續開發
  2. 停止開發

五、道德分析
  1. 效益論
  2. 義務論：涉及人與環境間的義務
  3. 德行論

                        阿朗壹古道開發爭議

六、實際限制
  1. 當地居民的交通權益
  2. 核廢料爭議
  3. 阿朗壹古道自身權利維護

七、最後決定
  1. 雙方未完的爭議
  2. 屏東縣政府進行限制與管制

一、事實為何
  1. 所在位置
  2. 過往歷史
  3. 爭議所在

二、關係人
  1. 主要關係人
     (1) 台東與屏東縣政府
     (2) 當地居民
     (3) 公路總局
     (4) 環保團體
  2. 阿朗壹古道自身

三、道德問題
  應該開發阿朗壹古道重疊路段嗎？
```

▲ 圖 8.14

（一）事實為何？

1. 按照屏東縣政府在其「國境之南文化觀光網」上的記載，阿朗壹古道是清同治 13 年至光緒 21 年間（1874 至 1895 年）先後開闢八條東西越嶺道路之一。「阿朗壹」一詞是台東縣安朔村舊稱。古道起自台東縣達仁鄉南田村，止於屏東縣牡丹鄉旭海村，全程約 203 公里。整條古道沿著中央山脈東南段與西太平洋間礫石和珊瑚礁岩海岸線蜿蜒前進，為台灣濱海環島公路網平地陸路交通最不發達與最偏遠地區之一。

2. 該古道具重要性，除因為清末所闢聯絡台灣東西部交通最早官道之一外，亦具有特殊的海岸砂丘與巨礫灘，以及由林投、瓊崖海棠、鐵澀、樹蘭、台灣

---

[66] 阿朗壹古道的介紹，在屏東縣政府或各樣旅遊網上均可以輕易找到資料。就反對角度來看這條古道的，主要有台灣環境資訊協會的環境資訊中心、地球公民基金會與主婦聯盟等環保團體。臉書社團上也出現「搶救最後的海岸線──阿朗壹古道」這樣的社團。玉山社在 2014 年出版《走過阿塱壹古道》，是此議題最近的出版物。環評報導的部分，環保署環評書件查詢系統中可以查詢到《台 26 線安朔至港口段公路整體改善計畫環境影響評估報告書環境影響差異分析報告》，該文件為對此道路開發最直接的評估，可供參考。不過，在反對聲浪的背後，仍然有民眾對開發是支持的。對於此路段的開發，參見交通部公路總局製作的簡報資料。

海藻、草原構成的海岸原始林相。古蹟部分則保有排灣族的古老部落及史前文化遺址。
3. 開發爭議始於 2006 年，該年度公路局推動「台 26 線安朔至港口段公路整體改善計畫」，希望開闢南田段公路、打通南田到旭海，以及九棚到佳樂水兩段公路，以完成台 26 省道的開通，進一步使環島海濱公路網成形。環保團體與登山界對此開發產生極大的反彈，並興起各樣抗爭希望保存原本的環境。
4. 目前台 26 線仍屬分段狀態，南田到旭海間須經由台 9 線至壽卡轉屏 199 縣道接回旭海，而後南行至九棚後又須轉接屏 200 縣道繞道至佳樂水。公路局以為開發 26 號省道，構成環島公路網對經濟發展具有實質幫助，但環保團體仍然持續強烈反對開發這個路段。

（二）有何主要關係人？

在此案例，主要關係人首先包括著當地居民。由於阿朗壹古道橫跨台東與屏東兩縣，故兩縣的政府單位相同列於主要關係人。此外，公路總局由於負擔開發的責任，環保團體在政策上的大力干預，故均可列入次要關係人之列。

較為特別的是，雖然阿朗壹古道本身無生命，但在環境倫理學中，特別是 1970 年代的史東（Christoffer Stone）法官曾提出樹木的權力問題。為此，本案例中在實際限制將援引並說明。

（三）道德問題何在？

為了交通的便利性，26 號省道的開通——特別是與阿朗壹古道重疊的這一段——是應該被開發的嗎？

（四）有何解決方案？

此案例由於已經爭議許久，故目前較容易傾向開通與維持原貌兩種主要方向作為解決之道。

（五）有何道德限制？

針對開發與否，三項道德原則的分析概略如下：

1. 就效益論而言，主要思考點在於交通便利性與當地居民出入的權利。台東縣政府主張，台 26 線可以提供恆春半島與台東間的聯絡方便，並完成環島海岸

公路之建置。若讓墾丁遊客順遊台東，可以比走台 9 線節省約三十分鐘車程。而公路所在的南田村與大武等地能夠得到更為便利的交通，進一步也能擁有商業發展的可能性。不過，反對者認為節省的時間與造成的破壞間不成比例。

2. 就義務論而言，該古道在開發上的最大爭議點還是在於環境的破壞。根據環保署於網站上公布的《台 26 線安朔至港口段公路整體改善計畫環境影響評估報告書》指出，南田到旭海路線的環境問題極為嚴重。以「環境敏感區位」為例，30 項評估項目竟有 15 項符合「環境敏感區位」，包括位於自來水水質水量保護區、包含有保育類野生動物或珍貴稀有之植物、位於地質構造不穩定區、位於山坡地或原住民保留地等等問題。追根究柢，南田到旭海這段長約 8.4 公里的路程地質脆弱，由於長期受到海浪沖刷，其實無法承受台 26 線的現代化工程。為此，開發此地並不符合人類與環境共存，甚至保護環境之義務。

3. 就德行論而言，此問題因為古道橫跨台東與屏東兩縣而更加複雜。兩縣針對古道的開發態度不一致，致使關係和諧之目標在此難以達成。不過，公路總局在技術層面上則似能達致能力卓越的基本要求。

（六）有何實際限制？

該路段開發的實際限制如下：

1. 反對開發者必須面對該地居民交通不便的事實。雖當地有 9 號省道，並可連接屏 199 與 200 號縣道，但這些道路蜿蜒，行駛不便。

2. 該路段在開發的爭議，特別與核廢料終極處置場的考量有關。經濟部於 2013 年 7 月依《低放射廢棄物最終處置場設置條例》，公告台東縣達仁鄉南田村和金門縣烏坵鄉小坵嶼為我國低放射性核廢料最終處置場建議候選場址，但是台 9 線南迴段因地形崎嶇，道路蜿蜒，不適合核廢料運輸工作。為此，26 號省道被部分環保人士以核廢公路來形容。

3. 較為特別的是，我們這裡應該考量阿朗壹古道本身存在的權利。為此特援引史東在 1960 年代對法定權利擁有者提出的辯護。

1960 年代，迪士尼公司（Disney）與塞拉俱樂部（Sierra Club）為了國王峽谷到底要不要蓋滑雪勝地而槓上，但是塞拉俱樂部當時在美國法律上並非具有身分，所以無法成為損傷的受害者。為此，克里斯多佛・史東撰寫著名的文章〈樹木有權利嗎？〉來為國王峽谷的樹木辯護。史東透過對權利意義的探討說

明樹木可以擁有權利，就如同公司可以擁有一般。因為過往所謂的權利是指：權利等在那裡，等著人去發現及使用。但是史東提出新的觀點，強調：若有某個具權威的團體認識到需要被保護的對象後，這個對象的權利就存在。但是，這個團體不但要認知到權利的存在，也要有能力並願意對破壞他們保護對象權利的起因提出保護。因為史東認為，所謂的「法定權利擁有者」具有三個條件：

1. 該事物能按照它生存狀態，要求進行法律行為。
2. 在法律調解中，法庭要將對這個事物所有可能的傷害都納入考慮。
3. 調解結果必須對該對象有利。

所以，按史東的論點，我們在開發上必須思考阿朗壹古道本身應該具有的權利問題。若進行開發，該古道受保護的權利是否還能存在？

（七）最後該做何決定？

該路段在 2012 年環評通過後，該公路已開始招標且逐步進行。但是，同年屏東縣將境內所屬的古道區域劃為自然保留區，導致台東縣民代及民眾不滿。反對興建的團體包括台灣環保聯盟屏東分會及屏東縣教師會生態教育中心，從 2011 年起它們就以「馬總統請停建台 26 線！宣布保護自然海岸的決心！」為題，在網路發起連署，並獲得廣大迴響。不過，台東縣部分人士認為，屏東縣政府的作法並不是真正保護古道，而是避免墾丁遊客方便離開帶走龐大商機。屏東縣政府的作法也不是所有屏東縣民都同意。此外，屏東縣也被認為在部分環保議題上工作不力。截至目前為止，屏東縣政府仍然規定進入該地區需要申請。申請有若干限制，包括每日僅開放 300 個名額，以及須有屏東縣政府認可之環境解說員隨行，至於台東南田端則未管制。

延伸思考案例

1. 請研究台灣歷年來的綠牡蠣事件發生的始末？
2. 核廢料最終儲存場址是否應該設置在烏坵？請嘗試提出理由。
3. 台灣政府為了提升觀光，近年在山林裡興建多條吊橋，如：南投的天空之橋、屏東的琉璃吊橋等等，請嘗試分析此類吊橋興建的相關問題。

八 自然環境

所有的工程都會產生若干自然環境問題，只是問題規模大小的差異。《工程倫理手冊》對於自然環境項目列舉出工程汙染、生態失衡、資源損耗問題三部分。本書在此討論兩個尚未完全解決的爭議：一個是中橫開發爭議；另一個則是美麗灣渡假村的開發爭議。

❖ 案例 15：中橫開發爭議[67]

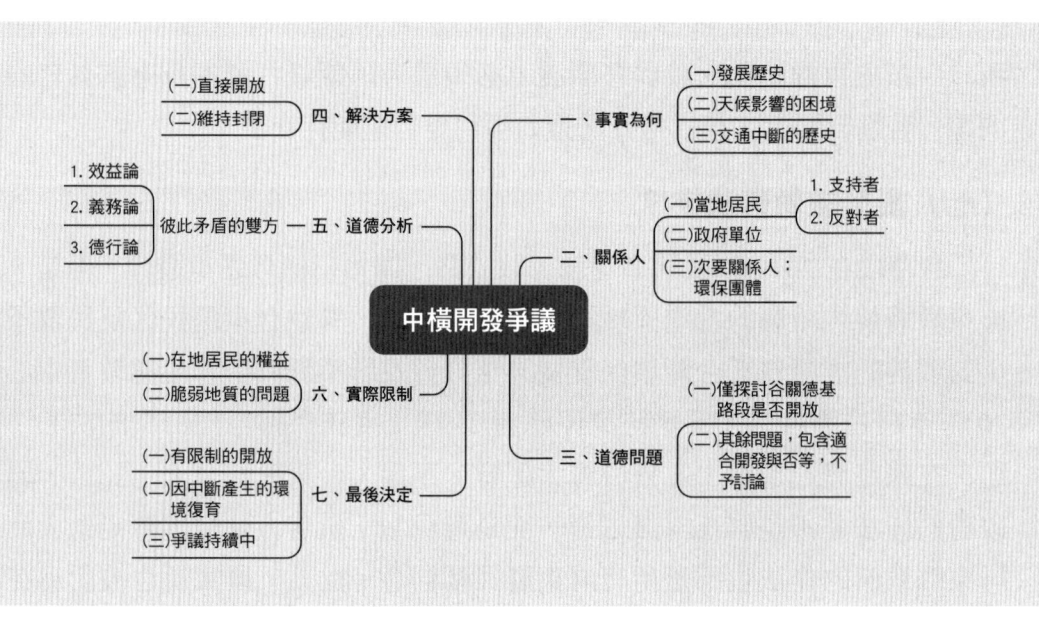

▲ 圖 8.15

（一）事實為何？

1. 台灣著名景點之一的中部橫貫公路，西起東勢，東至太魯閣，全長 180.8 公里。

---

[67] 關於中橫公路的資訊，除了台灣環境資訊協會等生態團體的反對聲音，以及媒體報導資訊外，臉書社團「中橫路況交通資訊站」此一非政府組織（NGO）提供實際交通資訊。此外，在公路總局官方出版刊物《臺灣公路工程》可找到中橫公路的歷史、實際狀態或管制措施的探討文章。參見應廷旻等人，〈台 8 臨 37 線中橫便道之關建與管理措施〉，《臺灣公路工程》，第 40 卷第 4 期，2014.4；童才燧，〈台灣中部東西橫貫公路通車 47 週年憶往〉，《臺灣公路工程》，第 33 卷第 8 期，2007.8；葉昭雄，〈台八、台八甲中部橫貫公路谷關德基段暫停搶修後經歷二年之情況〉，《臺灣公路工程》，第 29 卷第 1 期，2002.7。

2. 開發歷史概略如下：早在 1914 年，日本人為了理藩與資源運送就已建構雛形；1956 年，基於安置榮民，促進交通發展等原因，正式興建這條公路，並期望能開發梨山。然而，因為地勢陡峭，開發期間陸續傷亡近千人，直到 1960 年代始正式通車，成為現在我們所熟悉的中橫。
3. 中橫的開發與環境保護立場間始終有拉鋸。首先是針對遇到天災容易造成路段阻塞，搶通常需耗費大量人力與財力。在 921 大地震造成中橫公路長時間封閉之前，平時維修也需要大量經費。現在中橫狀況為有條件的開放封閉路段，但是許多當地居住的居民需要靠中橫的交通才能維持生計；而梨山一帶的農民基本上也是政府政策下的產物，封路的同時對居民進出或商業造成極大困擾。
4. 除維護經費龐大之外，另一個爭議的問題則是對環境的破壞。中橫經過地區，地形破碎，山勢陡峭，多年來常有學者指出開發之不適合。921 大地震後，上谷關至德基路段在 921 大地震後長期封閉，至 2011 年完成便道的整修，僅供特定人員出入梨山地區使用。近日雖有條件開放，但仍未完全開放供社會大眾使用。為此，甚至有學者提出封路的建議，以期望維護山林本有的面貌。

（二）有何主要關係人？

關於此路段的開放與否，最直接影響到的是當地居民，所以當地居民可被列為主要關係人，特別當地居民也包括支持與反對開放的兩方。此外，由於政府單位具有裁量權，所以政府單位亦屬於主要關係人。

雖然環保團體在此議題上著力甚深，然考慮其與該地區並無絕對直接關聯，故列為次要關係人。

（三）有何道德問題？

中橫公路的存在已是既定事實，故雖有學者針對其歷史背景與開發狀態提出質疑，此處均不加以說明或討論。本處只根據撰寫本案例時所面對之難題加以探討：中橫公路谷關至德基段應該完全開放通行嗎？

（四）有何解決方案？

針對開放與否狀況，由於該路段有一定程度的修復，所以至少有兩個方向可以決定：一個是直接開放；另一個則是繼續維持封閉。

（五）有何道德限制？

針對直接開放與維持封閉，三項倫理原則的分析狀況如下：

1. 就效益論而言，開放所能帶來的直接效益是當地居民的便利性與交通的順暢。谷關德基路段的暫停通行，最直接影響的是當地居民對外之交通，以及農產、生活用品的對外運送。此外，中橫暫停通行前，屬於溝通台中與花蓮之間的重要通道。故道路中斷期間，要在台中花蓮間通行需繞過半個台灣。雖然直接開放在交通方面將帶來極大便利性，但因為開發中橫造成的環境破壞卻是此效益所帶來的必要之惡。不論是對整體環境，或是對該條公路本身，受到開發的整體地帶均有其危害。附帶的經費支出與生命危險都必須納入長遠考量。
2. 就義務論而言，政府對於照顧居民出入權利這種基本生活需求乃為基礎義務所需，故開放已修復的路段，或積極修復尚中斷的路段，基本上符合這種義務性質。然而，從人對環境關係的角度而言，保護環境亦為人之基本義務，但是透過環保意識促使居民必須處於交通不便的狀況，雖是對環境的保護，但也是對過往政策的諷刺。事實上，凡是在開發與環保間拉鋸的狀況下，人的基本義務應該是生存，或是保護環境？此兩種主張便容易會形成對立。
3. 就德行論而言，有無更高科技之技術能投入此路段的改進，或是否有可能提出兼具環保與開發的工法及方案，為該原則所期望達成之目標？反對者可以根據關係和諧的概念反對，因為不論如何，一但進入開發就會破壞環境，就會不同程度的失去人與自然間的關係和諧。然而，現代科技與工法已有長足進步，可望達成德行論所期許之能力卓越的目標。

（六）有何實際限制？

面對開放與否，應被考量的實際限制至少包括以下兩項：

1. **居民的權利問題**：如前所述，交通的便利是極為重要的考量內容，特別是當地兩千多位居住民眾的交通權益應如何維護？此對當地居住民眾來說，交通權利不僅是通行便利，還包括日常生活及商業行為所必需。
2. **環境本身的脆弱**：1999 年 921 大地震造成公路交通中斷後，雖經歷搶修，但是 2004 年 7 月又因風災造成修好的路段大量崩塌。換言之，該路段所在的地

理環境與位置具有一定脆弱性質。雖有更好的工法與科技，但面對極端氣候的威脅，是否可能產生修復和中斷不斷重複的困境？如此一來，面對的大量修復費用與人力的投入亦為必須考量的問題。

（七）最後該做何決定？

截至本書撰寫時的最新消息是，原本封路的便道已經鋪上柏油且有條件開放，開放條件限定當地居民與工程人員，其他人士要使用者仍須事先申請，此算是為前述諸多衝突得到暫時的解決。

即便如此，中橫的開發與環境爭議還在持續當中。環保團體的主張在封山的數年間得到不錯的進展；交通中斷後的中橫沿線生態竟能重新恢復，原生種的動物如長鬃山羊、獼猴及山羌於此處重新出沒，特別是中橫上谷關至德基因921 地震後封閉的環境，生態復甦的狀況更是如此。

❖ 案例 16：美麗灣爭議[68]

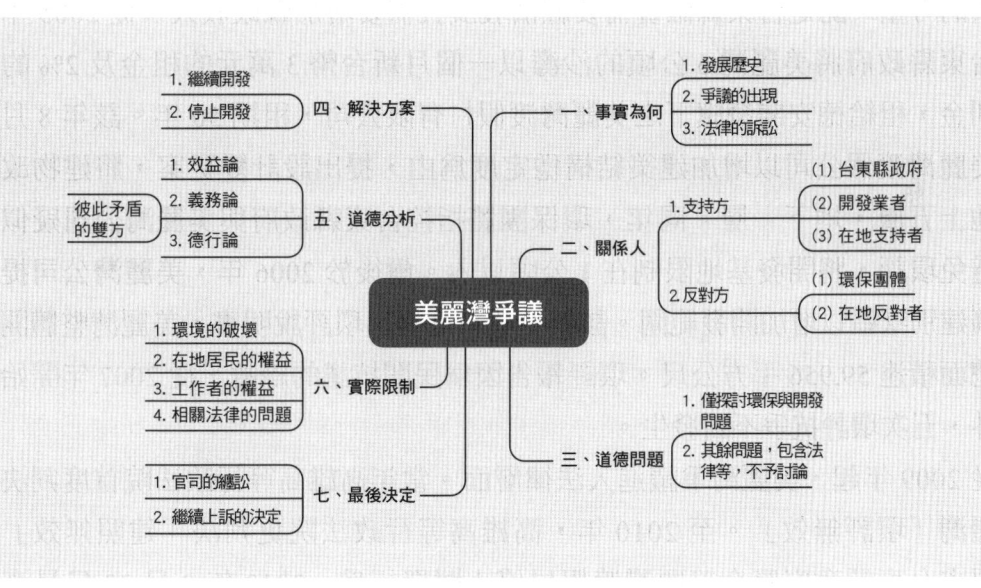

▲ 圖 8.16

---

[68] 針對美麗灣開發的爭議，包括台灣環境保護聯盟、地球公民基金會、刺桐部落格、苦勞網等多團體與網站均有大量反對理由及說明，此處年表的順序參考的是台灣環境保護聯盟的網站，臉書社團也有「拆美麗灣大違建」的反對聲音。反對代表之一的林淑玲在2012 年11 月出版的《台灣法學雜誌》第211 期有文章〈反美麗灣之過程〉，可供其程序上的參考。美麗灣集團同時也成立網站為自身利益辯護，其網站上也有年表作為參考，並提供PDF 檔作為下載使用。至於官方文件部分，環保署環評書件查詢系統中可以查詢到《美麗灣渡假村新建工程》這份環評報告作為參考資料。

（一）事實為何？

1. 台東風光明媚，但也因地理位置使其開發、交通及生活條件上與台灣其他地區相較下相當不易。台東許多地區長年處在環保與開發的拉鋸之間，其中最著名的案例之一為美麗灣渡假村開發爭議。

2. 開發爭議發生地點為東部唯一沙岸地形所在的杉原海岸。此海岸不僅景色優美，更是台東當地原住民傳統活動的重要海岸。1987 年，在台灣省政府教育廳核准下，台東縣政府於該地興建杉原海水浴場。至 1990 年，台東縣政府將杉原海水浴場委託交通部觀光局東部海岸國家風景區管理處經營。

3. 開發爭議始於 2003 年，德安開發集團依據《促進民間參與公共建設法》的條文規定，向台東縣政府提出杉原海水浴場開發案，提出以 BOT 的方式，經營杉原海水浴場。2004 年德安開發向政府提出增建計畫，同時成立美麗灣渡假村股份有限公司，該投資案獲台東縣政府批准。至 2005 年 3 月，台東縣政府同意美麗灣渡假村開發案，建築基地與海水浴場分割開發。同一年基於經濟的考量，認定台東縣確實需要經濟發展且需要增加縣政收入，從 2005 年起台東縣政府將美麗灣 6 公頃的沙灘以一個月新台幣 3 萬元的租金及 2% 的權利金，租給德安開發旗下之美麗灣渡假村有限公司，租期 50 年。該年 8 月，美麗灣渡假公司以增加建築結構穩定度為由，提出設計變更案，將建物改為地上五層，地下一層。同年，環保團體指控台東縣政府與美麗灣公司疑似為避免環評，將開發基地限制在 1 公頃以內。爾後於 2006 年，美麗灣公司提出擴建別墅區以增加開發範圍。該年企業首度提出環評說明書，美麗灣整體開發總面積達 59,956 平方公尺。環評報告因為民間抗議的緣故，從 2007 年開始委外，五次環評抗爭不斷發生。

4. 從 2009 年起，美麗灣爭議進入法律層面。當年高雄高等行政法院首度判決美麗灣「環評無效」。至 2010 年，高雄高等行政法院更判決「建照無效」，要求台東縣政府應令美麗灣渡假村停止開發行為。2012 年 9 月 20 日最高行政法院判決開發違法，要求台東縣政府應命令美麗灣渡假村公司停止開發行為，全案定讞。2014 年年底，台東縣政府再次提起上訴，但 2015 年年底高雄高等行政法院仍然判決台東縣政府敗訴。儘管對簿公堂屢戰屢敗，但台東縣政府似仍未打算讓此鬧劇收場，爭議問題仍繼續存在。

（二）有何主要關係人？

在開發議題上，直接衝突的支持與反對方為主要關係人。支持者包括台東縣政府、開發美麗灣渡假村的德安開發，以及在地的支持居民；反對方則包括在地的反對居民及環保團體。

事件雖然在後來有因訴訟進入法律程序，然高雄高等行政法院僅為行政機關，依法進行判決與裁定，與雙方無直接利益關係。故不列入相關關係人。

（三）道德問題何在？

美麗灣爭議是回歸到最基本層面，就是開發與環保之間的爭議問題。為發展台東觀光與經濟而開發杉原海岸是否符合道德？

我們應注意到：該爭議之所以受到各界廣泛的關注，除了地方政府在行政措施充滿爭議之外，也因其被解讀為具有《東部發展條例》是否可依該例連鎖推動的指標意義。該案在《東部發展條例》草案提出前就已開始，如果闖關通過，如同一符合《東部發展條例》的第一項大型建案，未來各開發案例恐因此有了各種惡例可以因循。若爭議無法解決，形同宣告《東部發展條例》本身就是妾身未明的法律，不得依循惡例草草付諸開發一般。由此可知該案例的重要。不過，由於該案例始自 2003 年，且中間有各方面不同爭議。此處不探討開發之外的相關爭議問題。

（四）有何解決方案？

面對開發的爭議，此案例演變至最後僅有兩項選擇：開發，以及停止。解決方案部分有兩件事應該說明：

1. 雖然在停止方面有其他各種選項，包括僅僅停工不續建，或是原地拆除等不同狀況，然此處諸多選項已為另一層次問題，故暫不於此討論。
2. 與其他案例不同，存而不論或維持現狀不在此處選項之一。原因是該地區並非尚未開發狀態，而美麗灣渡假村之建物已接近完工，故必須做出明確決定才能產生日後相關決議或處置。

（五）有何道德限制？

針對繼續開發與停止開發兩個方案，兩個方案間從三項道德限制來看會發現，雙方立場間存在有強烈的矛盾性：

1. 就效益論而言，繼續開發或能滿足當地居民工作需要，並能呼應台東縣政府欲促進地方經濟之政策及努力。但從人類與環境間的效益觀之，對台東唯一沙灘造成若干程度破壞並不能符合所有關係人之共同效益。即便以必要之惡作為考量，沙灘受到若干破壞為必要之惡（並盡可能加以補救），但所獲得結果是否合適，或是否等價？仍應加以多元考慮評估。換言之，因開發所帶來之潛在破壞是否能與因開發帶來之好處在同一個層次上進行比較，需要進一步釐清。此外，反對者的效益有否被實質考量也需要注意。
2. 就義務論而言，繼續開發符合政府為人民謀求福利的義務。但考量人類對環境的義務，卻無法符合此類特殊的義務狀態。尤其杉原海岸的特殊性，基於其為台東唯一的沙灘，致使我們對此特殊地點應更加保護。政府單位在進行決策時，有必要考量雙方立場、地理環境等相關問題之義務。
3. 就德行論而言，當地居民仍存有若干反對意見。不論堅持開發或停止行為，均有其相反意見。這意謂著，兩種觀點均無法達致關係和諧與能力卓越之狀態。尤其雙方態度強硬的狀況下，似乎無法產生第三種更好的解決方案。為此，兩個方案均無法符合德行論的立場。

（六）有何實際限制？

不論開發與否，該地區都有下列相關現實因素必須考量：

1. 不論如何，美麗灣的開發都會對環境造成極大的影響。其影響之必然，不只是環保團體所指出廢土的任意傾倒或沙灘的破壞，而是不論如何，其建物的建築、未來的營運、廢棄物穢物與汙水的處理等，都必然造成環境或地貌的改變。
2. 若是從開發的角度來看，台東居民的權利也不容忽視。並非所有台東居民或當地民眾都反對美麗灣渡假村的開發。台東人確實需要工作機會，部分民意代表也希望外界要傾聽台東人的心聲，因此開發似乎是一個必要之惡。整個美麗灣事件似乎點出極為矛盾的問題：一個地方若沒有開發就很難生存；但是要開發就必須犧牲部分人的權益或產生若干破壞。因此，如何取得平衡也非常重要。
3. 如果確實真的要停工，需要工作的人應該如何？此外，停工之後的程序、後續的賠償與違約相關問題應該如何處置？

4. 2015 年 1 月通過的《海岸管理法》規定，一級海岸保護區將禁止任何開發行為，並且不得獨占性使用，違者可連續開罰新台幣 5 萬元，直至改善為止。美麗灣渡假村興建所在的杉原海灘有望核定為一級海岸保護區。若杉原海岸一級海岸保護區確立之後，不管美麗灣渡假村正在上訴中的環評決議是否勝訴，建物都將拆除。此點也將為該開發案投下變數。

（七）最後該做何決定？

美麗灣飯店業者與台東縣政府為開發台東緣故，多年來堅持繼續建造和準備。但是，在 2013 年 7 月 8 日高雄高等行政法院裁定，裁准美麗灣假處分案，要求業者立即停工。同年 10 月 16 日最高行政法院判決，美麗灣停工定讞。期間雖然台東縣政府多次召開環評，但環評結果常以「有條件通過」引發環保團體不滿。時至今日，2014 年 10 月 28 日高雄高等行政法院，判決居民勝訴，撤銷台東縣政府第七次環評決議。

美麗灣飯店業者面對此開發案停工定讞，決定將 40 名員工依法資遣，或轉任其他工作。業者表示，若撤銷環評案也敗訴，業者不排除停止開發並申請國賠。2014 年 12 月 1 日，爭取連任成功的台東縣長黃健庭決定為此案再次上訴。然該次上訴於 2015 年 9 月法院判台東美麗灣復工案違法應撤銷，並於 2016 年 4 月最高行政法院判決台東縣政府敗訴定讞。

延伸思考案例

1. 北投纜車開發始末。
2. 貓空纜車開發爭議。

結論

真理和真誠

生命的真諦

「生命」是個人存在於世界的完整歷程,「真」是「不假」,是認知與事實的「符合」。在倫理的範疇中,個人能在存在於世界的歷程中,「體認」事實的豐富層次與多元面貌,以此淬鍊自己的批判思考能力與價值觀,進而能如實回應真實世界的需求,此可謂生命的真諦。「體認」一詞在此強調,「真理」對於個人的生命不只是一個「知性」的理解對象;更是「意志」所追求,身體力行的「抉擇」與「實踐」歷程!

個人不能自外於群體、社會,更無法獨活於自然環境之外。工程師在己為「個人」,在他為「群體」的一份子;此「群體」的宏觀處則是整個「自然環境」。「個人」、「群體」與「環境」間存在著複雜的倫理關聯,然而個人畢竟只能透過自我生命的承載以接續層次多元的真實世界。在每個多元價值彼此衝突的當口,人們終究要與自己取得和諧:為一時的私利讓步?還是著眼於長遠的為精神生命的提升、為生命意義的實現、在社會化的脈絡中為群體的利益努力、在更宏觀的生命關懷中為生存環境保留永續的利基?

倫理困難不只考驗著個人的理性深度,常常也挑戰著一個人的倫理高度。有些時候,倫理困難之所以是困難,除了一方面因個案具有足夠的複雜性之外;另一方面,也因當事人缺乏足夠長遠與足夠高明的辨事析理能力。因此,工程師在面對複雜的工作任務、人際關係與價值抉擇時,需要有足夠的先備知識、靈活的批判思考能力,還要有足夠堅強的道德信念。在面對道德困難時能勇敢選擇自己認為正確的行為,並將行動視作自己思想與信念的實踐。

理想的倫理抉擇過程是個體生命一種自我實現的歷程。我們希望在專業倫理素養養成的過程中,能讓行為主體從對自己的定見與抉擇中體驗到自我實現

的幸福感。當多元價值湧現，多種解決問題的可能方法被提出，面對多元考量或壓力而有的倫理困境時，行為主體若無法自覺的主動進行倫理學意義的批判思考，便很容易會跟隨企業傳統文化、個人處理事情的慣性、群體所給予的壓力等來進行抉擇。一個受過倫理訓練的專業人士，應能在實際面臨困難時主動進行倫理批判。批判思考在此絕非空談，而應具體落實為抉擇與實踐，此實踐所結合的是個人的理性與意志因素，意志服從於理性，透過實踐以成就行為主體的價值信念。行為主體能對自己真誠，所思與所行達臻和諧，擇其所愛，並愛其所擇，自我實現的幸福感將是厚植其生命真諦的正信磐石。

企業的核心價值

工程師與專業人員在其崗位，常能參與決定，或是建議重大決策；並且，在現今的社會與企業運作結構中，工程師與專業技術人員其實有很多的機會可以成為公司股東或管理階層，進而影響一間公司的重要政策。現今的企業很難一味以公司的營利為導向，更需要能體察到自己所有的人物力資源與消費群眾其實都來自於廣大的社會，而體認到自己是整個社會有機體中一份子的事實，也能肩負起社會公民的身分與責任。公司企業作為社會公民的一份子，在伸張獲利權利的同時，也理當負有不同程度的 CSR 的社會義務。故此，一間取之於社會的企業需同時善盡其對內與對外責任：對內，不只提升利潤或創新技術，進一步應妥善照顧員工並提升職能，創造友善安全環境；對外，除至少達到對環境保護之責外，也應更進一步依據公司能力，以各種可行方式回饋社會。

我們可以用近年來台積電的責任展現為此處參考範例。台積電在官方網站提供《企業社會責任政策》、各年度《企業社會責任報告》，以及不同年度的《環保、安全與衛生報告》做參考，並於其中揭櫫四項重要價值作為台積電 CSR 的重要指標：

1. **公司治理**：台積電制定內部稽核規程作業程序，並覆核各單位所執行的自行檢查，確保公司對投資人應盡責任。
2. **環境保護**：公司制定環保政策，目標為「致力達成環境永續發展，成為世界級之環保標竿企業」，除上述目標，另以「遵守法規承諾、強化資源利用及汙染預防、管控環境風險、深植環境保護文化、建構綠色供應鏈、善盡企業社會責任」等為策略。所有依據政策達成之目標，均詳載於公開資訊之年度

《企業社會責任報告》，供社會各界檢視。
3. **最佳職場**：強調對人力資源及制度之重視，透過整體生產力及同仁工作效能的提升，達成公司目標。為此，台積電建構穩定且健康的人力結構，提供具競爭力的整體薪酬，透過員工成長保障員工身心健康，促進生活與工作平衡，並宣示提供安全與健康的工作環境，保障員工應有之人權。
4. **社會參與**：台積電歷年來透過「台積電文教基金會」，以「人才培育」、「社區營造」、「藝文推廣」及「企業志工」為工作主軸，回饋社會，善盡企業社會責任。最佳典範就是在高雄氣爆事件後，台積電率領部分相關企業的積極投入，幫助當地居民恢復日常生活的服務參與。

目前為止，台積電確為對社會盡到 CSR 之典範。台灣有不少企業與台積電相同，透過積極社會參與，提供職能專長，幫助有需要的其他社會公民。這些企業的共同特色是均以「誠信正直」為根本。這種特質對科技與工程來說是極為重要的核心價值。我們在前文中所提各種案例，問題的發生多半與公司企業不願堅守「誠信正直」有關，包括：對資訊隱瞞、對狀況評估輕忽怠慢，或是為省經費犧牲專業格調。當公司企業不願對社會大眾誠信正直，未能盡到應盡之 CSR，該企業核心價值易以利潤為先，進而犧牲對人的關懷，也犧牲與其他社會公民的合作，遑論對環境的保護。

社會的合作與文明的永續

科技與工程的發展，已經到了幾乎沒有建設不了的工程！Discovery 頻道的節目《偉大工程巡禮》介紹各種 19 世紀以前無法想像的超級工程，可見一斑。但科技的發展與工程的建設除了證明人類的能力之外，也應致力於維持人與世界的平衡關係；原因無他：因為我們是世界的公民，我們與整個世界是一體的。當人類的科技發展與工程建設對整個世界各種層面的生存與永續息息相關，甚至舉足輕重；我們更應該念茲在茲，隨時體認到我們與群體間的關係應該是合作，而不是競爭；應該是和平相處，而不是侵略與搶奪。

我們以「摩天大樓魔咒」為例，凡是興建超高樓層的國家，在建築物完成後數年內常會遭逢經濟劇變。這個魔咒是 1999 年由分析師安德魯·勞倫斯（Andrew Lawrence）所提出。他發現經濟衰退或股市蕭條往往都發生在新高樓落成的前後，這是因為寬鬆的政府政策及對經濟過度樂觀的態度，經常會鼓勵

大型工程的興建。然而，當過度投資與投機心理而起的泡沫即將危及經濟時，政策也會轉為緊縮以因應危機，使得摩天大樓的完工成為政策與經濟轉變的先聲。舉例來說，1997年馬來西亞雙子星大樓完工後，亞洲金融風暴開始蔓延；2010年哈里發塔落成前後，隨之而來的則是世界性的經濟危機。

一直以來，摩天大樓的建築被視為各國經濟與科技能力的競賽。雖然就科技角度而言，每棟摩天大樓的建築過程都會突破舊有技術框架（例如：台北101大樓建築了全世界最大的阻尼器），但就競賽部分卻反映出人類的自大與競爭心態。這種心態回過頭來變成因過度樂觀導致的經濟崩潰，最終受害者還是人類自身。

「摩天大樓魔咒」是因人類過度樂觀的態度與自大的競爭心態所導致的經濟崩盤現象；此間的關係並不是一種嚴格意義的因果關係，卻是一種躁進的文明潛規則下現象的連續。此種躁進所導致的連續現象，常不是一、兩棟摩天大樓被建設出來而已，背後牽動的常是政經、文化發展之變異，甚至是環境迫害與生態浩劫。過往部分人類的科技發明與重大工程建築，在發展過程中對自然世界產生巨大影響。以極地輸油管的鋪設為例，此類工程大部分建築於人煙罕至的極端環境，雖然對人類的生存不一定產生直接影響，但是對於工程所在地的動物卻可能造成生存浩劫；尤其在漏油或漏氣等問題層出不窮，對當地動植物的傷害，乃至蔓延至全世界的影響，可謂巨大而深遠。近年因環保意識抬頭，越來越多國家在重大工程建設之前要求其必須要進行環境評估，並透過傷害最小方式達成工程建設，足見人類已發現對生命關懷的重要。

當我們強化對生命的普遍關懷時，遂開始與其他社會公民攜手合作，在廣泛意義下的群體內協調彼此的發展，並視我們為大環境內的其中一部分：不是使用者、不是管理者，更不能是掠奪者，而是活在此一群體內的生命體。如此，我們的科技與工程才能與環境和平相處，達到永續經營的目標與理想狀態。

附錄

科技與工程倫理課程學生學習成效規劃

　　理想的學習成果證據的規劃，有賴於教師對學生專業領域、程度的掌握，並做好充分的完成引導。以「學習者本位」為出發點的「學習成果」（goals）的設定，與多元「學習成果證據」（evidence）的規劃，及以「教師專業本位」為出發點的「評分準則」（criteria）、「評分標準」（standard）之訂定，將是教師教學與學生學習歷程的焦點，此規劃也將有助於教師掌握學生學習脈動、直接讓學生理解學習目的之重要工作。

　　以「科技與工程倫理」課程而言，「批判思考能力」應足以為課程所欲養成的關鍵能力之一。欲引導學生養成該能力，並評估學生該能力的應用狀況，可規劃學生對一個複雜的個案做出完整的書面報告，此應可視為一個適當且關鍵的學習成果。各專業領域對「批判思考能力」的定義或許有所不同，因此所設定之評價「準則」與評分「標準」也會有若干差異。將「個案分析」作為「科技與工程倫理」課程的關鍵學習成果而言，本文以為須包含幾點評價「準則」：

1. **清晰而明瞭的陳述**：能對個案進行清晰且符合邏輯的陳述，並對不同論點進行明瞭的說明。
2. **省思與探問**：能省察自己的思維與經驗，詢問自己所面臨的倫理衝突問題何在？表達自己的真實疑慮，甚至懷疑或批判自己的暫時解答。
3. **多元觀點**：能客觀的從多元的觀點或他人的觀點提出問題，參考讀物、文獻、同儕及他人的經驗，探索他人對個案的陳述，以及此個案中倫理情境或衝突議題之回應。
4. **分析**：將議題或所涉之概念拆解為較小之元素，或以其他方法來討論原初的議題與概念的核心。
5. **歸納**：能透過上述過程產出新概念或新方法，並針對此一概念或方法持續的發展，形成若干解決方案。

以下試從上述五點「準則」，訂定建議之評分「標準」，以 Rubric 量表為之：

標準（等級）	準則	1. 清晰而明瞭的陳述：能對個案進行清晰且符合邏輯的陳述，並對不同論點進行明瞭的說明。
上	5	• 能對個案進行清楚的陳述，以時空、因果等論述要素，數據、圖表等科學證據，列舉得宜。 • 能對不同的論點分點列述，層次分明。 • 能對引用的佐證文本摘要得體，引述有本有據，並註明出處。
中	4	• 能對個案進行尚稱清楚的陳述。 • 能對不同的論點分點列述。 • 能適時引用佐證文本，並註明出處。
	3	• 能對議題進行尚稱清楚的陳述。 • 能列述不同的論點，唯列述之論點不夠充分，亦缺乏清楚的論述層次。 • 能適時引用佐證文本，並註明出處。
下	2	• 對議題的內涵陳述不甚清晰，無法確實掌握問題的核心。 • 僅能列述少數的或較不重要的論點，且缺乏清楚的論述層次。 • 無適時引用佐證文本，或未註明出處。
	1	• 無法掌握問題的核心。 • 無法引用佐證文本，且未註明出處。
	0	• 作業沒交。

標準（等級）	準則	2. 省思與探問：能省察自己的思維與經驗，詢問自己所面臨的倫理衝突問題何在？表達自己的真實疑慮，甚至懷疑或批判自己的暫時解答。
上	5	• 能清楚陳述自己的思維與經驗，並充分檢視自己的認知或命題的可能侷限。 • 能廓清問題的核心與所關涉之價值的結構層次。
中	4	• 能陳述自己的思維與經驗，並簡單評析自己的論點， 能簡要論述問題的核心與所關涉之價值的結構層次。
	3	• 能陳述自己的思維與經驗，並能論述問題的核心與所關涉之價值的結構層次。
下	2	• 能簡單陳述自己的思維或經驗，無進一步的對問題進行解構，亦無對自我之認知進行檢視。
	1	• 無法清楚陳述自己的論點與思考脈絡，表現為臆測或獨斷的問學態度。
	0	• 作業沒交。

標準 （等級）	準則	3. 多元觀點：能客觀的從多元的觀點或他人的觀點提出問題，參考讀物、文獻、同儕及他人的經驗，探索他人對個案的陳述，及此個案中倫理情境或衝突議題之回應。
上	5	• 能充分且客觀陳述不同前提的可能性，並邏輯的演繹不同結果，並妥切的評析不同結果的差異性。 • 能對不同的論點與證據分點列述，層次分明。 • 能對引用的佐證文本摘要得體，引述有本有據，並註明出處。
中	4	• 能客觀陳述幾種不同前提的可能性，並邏輯的演繹不同結果，並稍能掌握不同結果的差異性。 • 能對不同的論點與證據分點列述。 • 能適時引用佐證文本，並註明出處。
	3	• 能掌握不甚充分之不同前提的可能性，並邏輯的演繹不同結果，唯未能對不同結果充分評析與比較。 • 能列述不同的論點，唯列述之論點不夠充分，亦缺乏清楚的論述層次。 • 能適時引用佐證文本，並註明出處。
下	2	• 僅能列述少數的或較不重要的論點，且缺乏清楚的論述層次。 • 無適時引用佐證文本，或未註明出處。
	1	• 無法掌握問題的核心與問題的脈絡。
	0	• 作業沒交。

標準（等級）	準則	4. 分析：將議題或所涉之概念拆解為較小之元素，或以其他方法來討論原初的議題與概念的核心。
上	5	• 能將議題或所涉之概念適當拆解為較小之元素，如：證據的詮釋、概念的辨析、語意的廓清、適用範圍的再界定、變項的設定等，對議題進行精闢的重構與再詮釋。 • 能充分援引他人之理論，或以歸納，或以演繹等方式，討論原初的議題與概念的核心。 • 能對論據與推理過程分點列述，條理清晰，層次分明。 • 能對引用的佐證文本摘要得體，引述有本有據，並註明出處。
中	4	• 能將議題或所涉之概念適當拆解為較小之元素，如：證據的詮釋、概念的辨析、語意的廓清、適用範圍的再界定、變項的設定等，對議題進行重構與再詮釋。 • 能充分援引他人之理論，或以歸納，或以演繹等方式，討論原初的議題與概念的核心。 • 能對論據與推理過程進行描述，尚稱清晰。 • 能適時引用佐證文本，並註明出處。
	3	• 能將議題或所涉之概念拆解為較小之元素，如：證據的詮釋、概念的辨析、語意的廓清、適用範圍的再界定、變項的設定等，對議題進行重構與再詮釋。 • 能對論據與推理過程進行描述，尚稱清晰。 • 能適時引用佐證文本，並註明出處。
下	2	• 能嘗試將議題或所涉之概念拆解為較小之元素，對議題進行重構與再詮釋，唯並不十分得體。 • 無適時引用佐證文本，或未註明出處。
	1	• 無法掌握問題的核心與問題的脈絡。
	0	• 作業沒交。

標準 (等級)	準則	5. 歸納：能透過上述過程產出新概念或新方法，並針對此一概念或方法持續的發展，形成若干解決方案。
上	5	• 能透過上述清晰而明瞭的陳述、省思與探問、多元觀點、分析等過程，得出新論點，並指出此論點得以持續發展的新面向。 • 能適度評析此論點與其他論點的異同與優劣、可能的限度等。 • 能得出暫時解決方案，或形成若干的替代方案。
中	4	• 能透過上述清晰而明瞭的陳述、省思與探問、多元觀點、分析等過程，或至少展現三種準則，得出新論點，或支持某論點，並指出此論點得以持續發展的新面向。 • 能適度評析此論點與其他論點的異同與優劣、可能的限度等。 • 能得出暫時解決方案，或形成若干的替代方案。
	3	• 能透過上述清晰而明瞭的陳述、省思與探問、多元觀點、分析等過程，或至少展現兩種準則，得出新論點，或支持某論點，並指出此論點得以持續發展的新面向。 • 能稍作評析此論點與其他論點的異同和優劣、可能的限度等。 • 能得出暫時解決方案，或形成若干的替代方案。
下	2	• 能透過上述清晰而明瞭的陳述、省思與探問、多元觀點、分析等過程，或至少展現一種準則，支持某論點，並指出此論點得以持續發展的新面向。 • 能稍做評析此論點與其他論點的異同與優劣、可能的限度等。
	1	• 無法掌握問題的核心與問題的脈絡。
	0	• 作業沒交。